# 宇宙飛行士になる
# 勉強法

山崎直子
*Naoko Yamazaki*

中央公論新社

宇宙飛行士になる勉強法

**目次**

## 第四章——宇宙飛行士選抜試験に挑戦——

## 第七章——宇宙の未来へ向かって

# 宇宙飛行士になる勉強法

# 第一章

# 角野家の教育法

## 1
# 抱っこと一人遊びが大好きな女の子

いまの性格からはとても想像がつかないのですが、私はとても甘えん坊な子どもでした。おんぶや抱っこをしてもらうのが大好きで、外に出るときはいつも父か母に抱き上げてもらっていました。幼稚園に入園してからも、すぐに「抱っこー」と言っていたくらいです。「そんなに甘やかしてはいけない」という意見もあるでしょうが、両親は私がせがむと、すぐに抱き上げてくれました。

抱っこやおんぶをしてもらうと、視線が高くなります。幼い私は高いところから、いろいろなものが見たかったのでしょう。好奇心が旺盛だったのかもしれません。

甘えん坊な半面、何でも一人でやりたがる子どもでした。私の最初の記憶は、3歳くらいのとき。実家の廊下にすわって靴下を持ち、「自分ではく、はく」と言っているシーンです。食事や着替えも、一人でやりたがりました。

自分が母親になってよくわかったのですが、子どもが「一人でやる」と言い出したときは、後始末に時間がかかるんですよね。それでも母は、娘の私が「自分でやる」と言い出すと、その通りにさせてくれたように思います。

## 祖母と両親に囲まれて

甘えん坊でしたが、家のなかでは親にべったりという感じではなかったようです。というのも、私は一人遊びが好きだったんです。小さいときは、はさみで紙を切って遊ぶのがとくにお気に入り。生まれたときから母方の祖母と同居していましたので、いつも近くに祖母がいて、紙を切って遊ぶ私をにこにこ見ていてくれました。

祖母は太平洋戦争の東京大空襲のとき、一度に夫と次女（母の妹）を亡くし、女手一つで母を育て上げました。たくさんの苦労をしてきたはずなのに、いつもおだやかに笑って、ほんとうに誰にでも優しい人でした。私にとって、祖母の存在は大きかったですね。

父の角野明人《すみのあきと》は鹿児島県の生まれです。口数が少なく物静かですが、どっしりとした頼もしい人。母・喜美江《きみえ》は千葉県生まれ。専業主婦で大らかですが、ちょっと心配性。母は台所で食事の支度をしているときも、私がかまってほしくて近づいていくと、いつでも手を止めて、私に付き合ってくれたそうです。両親と祖母とそれぞれに接し、ときに甘えることを通じて、だんだんと自立心を育んでいったようです。

## 2 丈夫な体をつくってくれた家族の散歩

私たち家族が住んでいたのは、千葉県松戸市。わが家から歩いて15分ほどのところに江戸川が流れていました。散歩に行くには、ちょうどよい距離なので、週末には両親と兄と、家族でよく江戸川べりを散歩しました。電車で1駅分くらいの距離を半日がかりで歩くのです。母がつくってくれたおむすびをいつも持っていきました。

歩くのは、体にとてもいいですよね。江戸川は大きな川なので、土手に出ると、ほんとうに気持ちがいいんです。空がとても広いので、子ども心にもわくわくして、土手を駆け下りたり、思い切り走ったりしました。

江戸川には、松戸市の下矢切と葛飾区柴又を小舟で結ぶ、「矢切の渡し」があります。家族で渡し舟に乗って葛飾区の帝釈天に行ったり、江戸川べりを南下して、市川市の里見公園まで足を延ばすこともありました。この公園は江戸川のすぐそばにあって、とても広いのです。アスレチックの設備もあって、よく遊びました。

散歩以外では、上野の博物館などにも行きました。休日になると、家族みんなで「どこへ行こうか？」と相談して、「じゃあ、博物館に行こうか」と。家族がそろって、いろいろな場所へ出かけたのは、いい時間だったなと思います。

## 札幌でのスキー体験

スキーも好きでした。私が幼稚園児だった5歳のとき、父の転勤で札幌市真駒内《まこまない》に移り、7歳まで過ごしました。真駒内は1972年の札幌冬季オリンピックの会場になったところで、家のすぐ近くにスキー場がありました。

3歳年上の兄は当時、小学2年生。北海道の小学校ではスキーの授業があります。生まれて初めてスキーをすることになった兄を心配し、母はナイターのスキー場で特訓を開始しました。私は父とお留守番。でも、母が玄関に行くと、スキーウェアを着た私が、子ども用のスキー板とストックを抱えて立っていたそうです。

宇宙飛行士というと、強靭な体力と優れた運動センスを求められる印象がありますが、実際はそんなことはなく、健康体で普通の体力と運動能力のある人なら大丈夫。

実際、私自身も、運動神経はそれほど優れていないのですが、持久力だけはあるのが取り柄。丈夫な体になったのは、小さいときから家族でよく歩いたおかげ、そして、スキーのおかげかなと思います。

## 3 父から教わったチームワーク

父は、陸上自衛隊第一空挺団の自衛官でした。第一空挺団の本部は千葉県船橋市の習志野駐屯地にあります。ときどきは転勤しましたが、習志野駐屯地での勤務が長かったですね。第一空挺団のなかでも、パラシュート（落下傘）部隊に所属していました。

私が小学生のとき、家族で父の職場を見に行ったことがあります。「自衛隊まつり」など、駐屯地の敷地を隊員の家族や近所の人たちに開放する日があって、そのときに、父がヘリコプターから落下傘で地上に降下する姿を見ました。当時は、父のしていることがよくわからなかったので、「へえ、こんなことをしているんだ」と思っただけでしたが……。ただ、いま思えば、ふだんは家にいない父親が日中何をしているのかを見る経験は、大事なことだったと思います。

仕事で帰りが遅いときもありましたが、週の半分は家族と一緒に晩ご飯を食べていました。父と兄と私の3人で、一緒にお風呂にも入っていました。

湯船につかりながら、九九やアルファベットの発音を教えてくれたことを思い出します。父としては、兄に教えていたのでしょう。でも、そばにいた私も真剣になって練習しました。私はいったん始めたら集中してやるタイプだったので、九九を覚えられるまで湯船から出ようとしなかったとか。体が真っ赤になるまで、がんばったこともあったそうです。いまもその性格は……変わっていないかもしれません。

## 「協調性」は欠かせない資質

父が空に関わる仕事をしていたことが宇宙への憧れに結びついたのですか、と聞かれることもありますが、直接の関係はありません。でも、訓練のなかで、パラシュートの扱い方を習ったときは、「父親もこんなことをしていたんだな」と懐かしく思いました。

父から学んで印象に残っているのは、「仕事はチームでするもの」ということ。兄と私は、子どものころから「仕事はチームで取り組み、目標を達成したときに初めて、個人としても素晴らしい達成感を味わうことができる」と聞かされて育ちました。この考え方は、いまも、私の根本にあります。

宇宙飛行士の仕事も、まさしくチームワークで成り立っています。協調性は、宇宙飛行士に欠かせない資質の一つ。仕事を始めるようになってから、父とのつながりを感じることが増えた気がします。

## 4 宇宙好きの原点は「星を観る会」

宇宙を好きになったのは、北海道の札幌市に住んでいたとき、満天の星を見て感激し、「きれいだなあ」と憧れたのがきっかけです。兄は当時、札幌市立真駒内曙小学校に通っていました。その小学校ではときどき、ＰＴＡが主催する「星を観る会」（星空観測会）が開かれていたのです。私も、両親に連れられて参加しました。

「星を観る会」があるときは、いつも夕食を早めにすませ、両親と兄と私で出かけました。北海道の夜は冷え込むので上着を着込み、そして、４人で手をつないで。

会場は、小学校のグラウンドです。そこに数台の天体望遠鏡が並べられて、誰でも自由に覗くことができました。レンズを通すと、はるか遠くにある月も星も、驚くほど近くに見えます。でこぼこした月のクレーターも、土星の輪もはっきりと見えて、手を伸ばせば届きそうな感じがするほど。「なんて神秘的ですてきなところだろう」と感動すると同時に、「いつかあそこに行きたいなあ」と……。

## プラネタリウムと『宇宙戦艦ヤマト』

松戸市に戻ってきたのは、私が小学2年生の夏休みでした。星空にすっかり魅せられていた兄と私は、市民会館の屋上にあるプラネタリウムに通うようになりました。季節ごとに変わるプログラムが楽しみでしたし、星座にまつわるギリシャ神話を聞くのも好きでした。

天井に投影される「星空」を見ていると、自分が宇宙空間に横たわっているような、そんな不思議な感覚を味わうこともできました。

宇宙好きになったのは、アニメーションの影響も大きいですね。夢中で見ていたのが、「宇宙戦艦ヤマト」と「銀河鉄道999」です。

「宇宙戦艦ヤマト」のテレビ放送は私が4歳のときに始まったので、内容はよくわかっていなかったと思います。でも、すごく感動しました。「この広い宇宙で、戦士たちはこうやって地球を守るのか、かっこいいなあ」と。子どもはピュアですから、作品のメッセージをまっすぐに受け取っていたのでしょう。そして、「こんな宇宙船で宇宙に行けたらいいな」と、想像をふくらませました。

宇宙飛行士という職業は知りませんでしたが、「私が大人になったころには、誰もが宇宙に行けるのだろうな」と素朴に信じ込んでいたのです。

## 5 最初に買ってもらった『コロボックル物語』シリーズ

私は子どものころから、本を読むのが大好きです。でも、書棚に本がずらりと並んでいるような家ではなかったので、学校の図書室や市の図書館から借りて読んでいました。大きな声では言えませんが、書店で立ち読みをすることもあったんですよ。

両親は、物語の本はあまり買ってくれませんでしたが、図鑑類は買ってくれました。とくに覚えているのは、生き物図鑑と恐竜図鑑を買ってもらったときのこと。それから、植物図鑑を買ってもらったのもうれしかったですね。私のためというより、兄に買ってくれたのでしたが……。

自分からお願いして最初に買ってもらったのが、『だれも知らない小さな国』をはじめとする、佐藤さとるさんの『コロボックル物語』シリーズです。村上勉さんのイラストがかわいらしくて、大好きでした。

「コロボックル」というのは、小指ほどの小さい人たちのことです。「せいたかさん」と呼ばれる主人公の青年がコロボックルと出会い、長い年月をかけて友情を育みながら、自然を守るために奮闘します。あの物語を読むと、家の庭の草の陰や近所の小山にもコロボックルがいるような気がして、わくわくしました。目に見えないところに、知らない世界があることを教えてくれた本です。

それから、ミヒャエル・エンデの『モモ』も印象に残っています。傾向としては、小説を読むことが多かったと思います。SFっぽい作品が好きで、コバルト文庫に入っていた新井素子さんや氷室冴子さん、星新一さんもよく読みました。井上ひさしさんの作品も大好きでした。

## 本は世界を広げてくれる

最近は、「活字離れ」が進んでいる、といわれますが、とてももったいないことだと思います。子どもに無理強いすることは逆効果ですが、周囲の大人が本を読む姿を見せたり、誕生日やクリスマスにプレゼントしたりすることで、自然に本を手に取るようになればいいかな、と思います。いまは小学生になる長女も、本が大好き。小さなころは、毎晩寝る前に好きな絵本を5回6回と読むことをおねだりされました。最近は、自分で本屋さんに行って好きな本を見つけてきます。

実生活で経験できることは限られていますが、本を読むことで、知らない世界にふれられる。時間や空間を超え、本は、私の世界を広げてくれたと思います。

## 6　子育ての方針は、「質素、忍耐、謙虚」

うちはお小遣い制ではありませんでした。学校で使うものや、必要なものがあったら親に話して買ってもらうか、その分のお金をもらう方式。お正月に親戚からいただくお年玉も、親がそのまま全部貯金していました。当時は、「なんで貯金するの？」と、不満でしたけれども……。

小学生のときに、親にねだって買ってもらった思い出の品といえば、お人形です。日本製なのですが、雰囲気は大きなフランス人形。しかも、手足が動くんですよ。お店に飾ってあるのを見て、「ほしい、ほしい」と言ったのですが、最初は買ってもらえませんでした。次にその店の前を通りかかったときもねだって、それを3回ほど繰り返したら、親も根負けしたのか、買ってくれました。粘り勝ちですね。

ただ、私はしょっちゅう物をねだる子どもではなかったので、両親も譲歩してくれたのでしょう。その人形は、いまでも大切に持っています。

## 中学生でお弁当づくり

うちの父の子育て方針は「質素、忍耐、謙虚」。母もそれを大切にしていて、必要なものは買うけれど、必要以上のものは買ってくれませんでした。ひと言で言えば、質素で堅実な暮らしだったと思います。

私が中学生で、兄が高校生のとき、父が再び札幌市へ転勤になりました。そのときは父が単身赴任をし、母が札幌と松戸を行き来することに。母のいない間は、祖母と兄と私の3人暮らしです。そのときにもらうお金は、お小遣いではなく「生活費」。食事は祖母がつくってくれましたが、私も学校帰りに買い物をしたり、兄と交代でお弁当をつくったりしました。当時、松戸市の中学校は給食ではなかったので、「大変だぁ」と言いながら、つくったことを覚えています。

最初に、札幌に行く母を見送ったときは、寂しかったのか心細かったのか涙が出ましたが、時間が経つと慣れるものです。次からは、あ、行ってらっしゃーい、くらいにどっしりと構えられるようになり、むしろ、ある意味自由な時間を楽しんでいました。

ただ自由とはいっても、どこかで両親も見ているだろう、という気持ちはありました。親の日頃のしつけが染み付いていたのでしょうね。脱いだ靴をそろえる、などはそのころからの習慣になっていました。

## 7 夢を育んでくれた両親の「放任主義」

宇宙に対する思いが強くなったのは、小学校高学年からです。

理科の授業で、先生が「人間は、宇宙のかけらでできているんだよ」と話してくれたことがありました。「人間の体は水素、炭素、窒素とちょっとした鉱物でできています。夜空に光る星も、人間の体と同じ成分でできているんですよ」と。

それを聞いて驚くとともに、「この私も広い宇宙の一部なのだ」と思ったのです。はるかに遠い存在だった宇宙が、グンと身近になった瞬間でした。

宇宙への興味を急速に高めていった私を見て、父も母も「詳しいことはわからないよ」と言いながら、NASA（アメリカ航空宇宙局）が打ち上げた無人惑星探査機ボイジャーに関わる展示会に連れていってくれたり、新聞や雑誌に宇宙に関係する記事が載っていると、「こんな記事があるよ」と教えてくれて、一緒に読んだりしました。

## トゥモローランドで働きたかった

中学生のときの夢は、ディズニーランドで働くことでした。千葉県浦安市に東京ディズニーランドが開業したのが、私が中学に入学した、1983年だったのです。「スペース・マウンテン」というアトラクションがある未来エリアの「トゥモローランド」で働いている人たちの制服が宇宙服のようだったので、「そこから宇宙に行けるかもしれない」なんて考えたりしたのです。

そんな私の夢を話すと、両親はいつも「いいんじゃない」と言ってくれました。頭から「それはダメ」とか「無理よ」とは言いませんでした。かといって、「夢に向かって、がんばれ」と励まされたこともありません。

よく言われたのが、「自分の好きなようにしなさい。やりたいのだったら、自分で調べなさい」。

そういう意味では、うちの親は放任というのか、子どもの判断にまかせる主義でしたね。両親のおかげで、私は自分のなかでじっくりと夢を育むことができたのだと思います。

もちろん「将来、どんな仕事をしたいのか」と聞かれ、その目標に向かって勉強する、というようなこともあるでしょうが、自分を振り返ると、最初は漠然としていた子どものころの夢が、いろいろなことに出会い、少しずつ、形になっていったと感じます。

# 8 中学での、英語との出会い

私が通った松戸市立第一中学校は、小学校のすぐ近くにあったので、中学生活は、小学生の延長のような感じで始まりました。違いは、英語を学ぶようになったことくらいです。部活動は英語部を選びました。実はテニス部に入ろうと決めていたのです。テニス部の練習にも参加していました。でも、正式に入部を決める前に英語部の人と会い、「アメリカの女の子と文通できますよ」と言われた瞬間、「おもしろそうだなあ」と思って変更しました。というのは、ある出会いがあったからです。

小学6年生のとき、駅前の小さなラーメン屋に家族で行ったときのこと。そこに、インド系の女性が来ていたのです。いまでこそ、街中で外国人に出会うのは珍しくありませんが、私の子ども時代は、家の近所で外国人の方を見ることなど、ほとんどありませんでした。それで、思わずジーッとその人を見つめてしまったのです。彼女が帰り際、私たちのテーブルに寄ってきたときは、「怒られるのかな」と思い、緊張してしまいました。でも、その女性はニコッと微笑んで、日本語で「世界は広いから、アナタもがんばってね」と言ってくれたのです。それが、外国への興味を持つようになったきっかけです。

## オハイオ州のレスリーさんが文通相手

英語部の活動内容は、英作文を顧問の先生に添削してもらう、NHKのラジオ英会話を録音したテープをみんなで聴く、英語劇をつくる、など。劇はごく短いもので、新入生歓迎会のときに発表しました。スピーチコンテストにも出ました。入賞はしませんでしたが、練習を重ねたことで、英語力はついたように思います。

私の文通相手は、レスリーさんという名前で、アメリカのオハイオ州に住む同じ年の女の子でした。写真のやりとりをしたので、彼女の顔は覚えています。茶色がかった金色のカーリーヘアがくるくる巻いていて、可愛い人でした。彼女が送ってくれた写真には、地平線が見えるような広大な敷地に、大きな家が建っていて、「まるで映画の世界みたい」と驚きました。

この文通がきっかけとなって、「私もいつか、アメリカに行ってみたい」「外国の人と働けたらいいなあ」という夢が育まれていったのです。

当時はインターネットもなく、エアメール（航空郵便）。手紙をなるべく軽くするために、薄青色のごく薄い便箋に書いていました。レスリーさんから届く封筒に貼ってあるアメリカの切手も珍しくて、楽しみでした。文通は高校生まで続けました。

## 9 お稽古事はお箏と習字とピアノと水泳

私が最初にしたお稽古事は、お箏です。珍しいかもしれませんね。札幌で暮らしていた5歳のときに始めました。当時、私たちが住んでいた団地にお箏の先生がいらっしゃったので、母が習い出し、私も一緒に習うようになりました。

松戸に戻ってからは、近くにお箏教室がなかったので、習字とピアノと水泳（夏のみ）を習いました。家にはオルガンがあり、練習をしていました。

ピアノは中学校に入るまで続けましたが、残念ながら、「ピアノが趣味です」と言えるほど、上達はしませんでした。音楽を聴くのは大好きですが、演奏に関しては、それほど才能があったわけではなく、自分で楽器を弾けるようになるのが楽しかったのです。それでも楽譜の読み方や指使いの基礎をつくれたことはよかったと思います。いま、同じようにピアノを習う長女の発表会で、一緒に連弾することもあり、それはとてもうれしいものです。

実は、いちばん長く続いたのが習字でした。書き初めでは、金賞をとったこともあります。一見、宇宙とは全然関係がないのですが、宇宙飛行士の応募条件で「日本人の宇宙飛行士としてふさわしい教養等を有すること」という条件があったのです。習字も日本文化の一つですから、役に立ちました。やっているときは意識しなくても、後につながってくることもあるんですね。

## 宇宙で合奏した「さくらさくら」

お箏は、つくば市にある宇宙開発事業団（NASDA、現JAXA＝宇宙航空研究開発機構）に就職してから、教えてくださる先生が見つかったので約17年ぶりに再開しました。

2010年4月、スペースシャトル「ディスカバリー号」で宇宙に向かい、国際宇宙ステーション（ISS International Space Station）に10日間滞在しました。ISSでは分刻みのスケジュールなのですが、その合間を縫って、野口聡一宇宙飛行士の横笛と私が持っていった特注の小型の箏で「さくらさくら」を合奏しました。準備の過程で、『邦楽ジャーナル』編集者の方々や福山琴の職人さんにお世話になったりと、たくさんご縁が広がりました。今後もお箏を続けていけたらと思っています。

「芸は身をたすく」といいますが、お箏のおかげで、よい思い出ができました。

## 10 中学時代の恩師の言葉「若き日に　汝の希望を　星につなげ」

中学卒業のときに、クラスメートに書いてもらったサイン帳があります。最初のページにあるのは、中学2、3年の担任だった天野修一先生が書いてくださった言葉です。

「若き日に　汝の希望を　星につなげ　天野」

先生は東海大学のご出身で、サイン帳に書いてくださった言葉は初代の総長の言葉だそうです。先生といろいろ話すなかで、私が宇宙に強い関心を抱いていることはご存じでしたが、この言葉は私の将来を予見しているようで奥深いですね。

中学2年生のときの通信簿の学習の所見には、「自己の能力の限界を知っている人は誰一人としていないはずです。成長していく過程のなかでときとして挫折することもあるだろうが、自分の可能性を信じて、いままで以上に精進していくことを望みます。並行して常に広い視野に立って物事を考えることも忘れないでください」と書いてくださいました。

3年生のときの行動の所見には、「人の立場になって行動できる」と書いてくださった一方、「自分の弱さを知り、それを克服しようという姿勢が自分自身を大きくすると思います。すべてに当てはめて考えてください」という言葉も。私は中学時代、けっこうおっとりしていましたので、奮い立たせるためのメッセージだったのかもしれません。そして、この言葉もまた、宇宙飛行士として大事な心得を示してくれていると思います。

## 真剣に闘う先生の姿に憧れて

天野先生は体育の教師で、当時は30代半ばでした。挨拶と礼儀に厳しく、生意気盛りの男の子たちも、先生の前では自然に背筋が伸びていました。

中肉中背でしたが、空手が強く、教職についてからも大会に参加していました。先生が大会に出られるときは、クラスのみんなと応援に行って、試合で真剣に闘う先生の姿を見て、「かっこいいなあ」と憧れました。その影響を受けたのでしょうか。後に訓練でアメリカに行ったときは、夫と長女の優希《ゆうき》と私の3人で空手を習っていたんですよ。

1999年、私が2度目の受験で宇宙飛行士の選抜試験に合格し、候補者として選ばれたときは、先生に「打ち上げのときには来てくださいね」という手紙を送りました。しかし、先生はそれから間もなく、病気のために45歳という若さで亡くなられてしまったのです。

私を導いてくださった方の一人だな、と思います。

## 11 お茶の水女子大学附属高等学校を志望した理由

お茶の水女子大学附属高等学校（お茶高）に進んだのは、中学校3年生で受けた塾の夏期講習がきっかけです。それまではきちんと塾に通ったこともなく、学校の成績に応じた県立高校に進むつもりでいました。兄も県立高校に進みましたから。

でも、夏期講習で自分の学区以外の人たちに会い、いろいろな進路があることを知って、刺激を受けたのです。

全国模擬試験を受けると、全国の中学3年生の成績結果が出るので、自分の実力の程度がわかります。私の成績を見た塾の先生が「国立の高校にも行けるんじゃないか」「もっとがんばれ」と後押しをしてくれました。学校で出会う先生とは違い、その先生は個性的で、「唯我独尊《ゆいがどくそん》」という言葉を連想させるような感じの方だったので、のんびり屋の私が歯がゆかったのかもしれません。それで私も、県立一本だった志望校を考え直すようになりました。

## 「おもしろそう」な学校だから

ただし、わが家の家計には余裕がなかったので、私立高校という選択肢は最初からありませんでした。県立以外だったら国立、「うちから通える範囲にある国立高校はお茶高かな」と考え、受験を決めました。

お茶高は、国立高校のなかでは唯一の女子校で、全校生徒が400人強という小規模校、長い歴史と伝統があるにもかかわらず、校風はとても自由。「おもしろそう」と思ったことも、大きな理由の一つです。

受験校の選択については、両親は私にすべてまかせてくれて何も言いませんでした。

これは、お茶高に合格したあとで聞いた話ですが、母は私が小学校に入学するとき、お茶大の附属小学校を受験させたそうです。附属小学校の第一次選抜はくじ引きなので、その段階で落ちたとか。ただ、その後の試験に進んでいたとしても、何の準備もしていませんでしたから、結果は同じだったでしょうが……。

小学生が松戸市から文京区大塚にある附属小学校に通学するのは、かなり大変です。きちんと聞いたことはありませんが、母はたぶん冗談で受けさせたのでしょう。でも、もしかしたら母のなかに、明治の半ばに設立された東京女子師範学校の流れをくむ、お茶の水女子大学への憧れがあったのかもしれません。

# 12
# ちゃぶ台で受験勉強しながら見たチャレンジャー号事故

中学校まで、家に私専用の勉強机はありませんでした。子ども部屋はあったのですが、兄と共有でしたので、私にとっては単なる荷物置き場。寝るときは皆で大部屋に寝ていました。

勉強はいつも、四畳半の居間のちゃぶ台で。冬は、ちゃぶ台がこたつに替わりました。居間ではいつもテレビがつけっぱなし。見るわけではなくて、BGM代わりです。そのせいか、私はいまでも、自分の周囲に何か音が流れていたほうが集中できる気がします。

受験勉強も追い込みに入っていた1986年1月28日は、忘れられません。私が初めて、スペースシャトルの打ち上げを見た日だからです。

打ち上げ前に、7人の乗組員たちがにこやかに手を振りながら、スペースシャトルに乗り込む映像が流れました。マンガやアニメ、SF小説のなかだけの話ではなく、現実に本物の宇宙飛行士がいて、「スペースシャトル」という宇宙船があることを知った瞬間でした。「人はほんとうに宇宙に行けるんだ」と感動しました。しかし、打ち上げ直後、正しくは73秒後に、「チャレンジャー号」は爆発し、空中分解してしまったのです。

## いつか、クリスタさんの思いを引き継げたら

7人のなかに、全米から志願した1万人以上の教師から選ばれた、クリスタ・マコーリフさんという高校の社会科の教師がいました。宇宙で科学実験や宇宙についての授業を行い、その授業はテレビ中継によって、数百万人の子どもたちが見ることになっていたそうです。

当時の私の夢は、天野先生の影響もあり、学校の先生でした。教師と宇宙、この二つはまったく関係のない、かけ離れた世界だと考えていました。けれども、「先生になって、宇宙へ行くこともできるんだ！」と知ったのです。

もちろんそのときに、「将来、絶対宇宙飛行士になるんだ」と決めるほど単純ではありませんでした。爆発を見たときは驚きましたし、「大変なことが起きた」と思いました。しかし、それ以上に、「いつの日か、私がクリスタさんの気持ちを引き継いでいきたいな」と思ったのです。彼女たち宇宙飛行士の笑顔がしっかりと胸に焼き付いたのでした。

宇宙船の打ち上げには、事故など、一筋縄ではいかない部分がたくさんあります。だからこそ、人間が努力してつくっているのだと感じました。スペースシャトルの姿を見て、「私も、宇宙に関わる仲間の一人になれたらなあ」という具体的な夢が生まれたのです。

# 第二章

# お茶高の青春と大学受験

## 13 女子校で学んだ「がんばる楽しさ」

お茶の水女子大学附属高等学校（お茶高）は、女子校です。女子校も校風は学校によってさまざまでしょうが、お茶高の特長は「たくましさ」だと思います。

クラスの名前は、蘭組、菊組、梅組とまるで宝塚歌劇団のよう。

でも、入学当時、家庭科の先生に「皆さんは、雑草のなかに咲く花のようです。踏まれても、踏まれても、しぶとく花を咲かせる、そんな花です」と言われました。そのときは内心、「エッ」と思いましたが、その言葉の意味が少しずつわかってきました。

たとえば、秋の農園実習。私たちは体育着であるジャージ姿で電車に乗り、東京都東村山市にある農場まで行き、サツマイモの収穫をします。土のなかからサツマイモを掘り出すので、ジャージは泥だらけ。帰りは、それぞれが重いサツマイモを喜々として背負い、泥のついたジャージ姿のまま、また電車に乗って帰ってきます。

体育祭も、女子だけとは思えぬ白熱戦で、大いに盛り上がったものです。騎馬戦、棒倒し、綱引きなどの競技は、前もってクラスで話し合って作戦を練り、当日は体当たりでがんばりました。

珍しいのは、クラス対抗のダンスコンクール。これは女子校ならではかもしれません。振付はすべて自分たちで考え、衣装も手づくりです。コンクール直前には、放課後に残って、屋上で練習したりしました。

## 「女の子だから」の遠慮はナシ

校舎は古く、冷暖房もなく、通称「鶯張り」と呼ばれる廊下がありました。生徒たちが歩くとミシミシきしむので、そう呼ばれていたのです。そんな環境で伸びやかに育った私たちは、やはり「雑草のなかの花」なのでしょう。

お茶高の生徒はとても活発です。なんでも自分から率先して、一生懸命に取り組みます。ものおじしない積極的な人が多く、学級委員を選ぶときも、自ら手を挙げて立候補する人が多かったことを思い出します。「私は女の子だから……」と、遠慮する風潮はありません。

私は男性も女性も、自分のやりたいことに対しては、どんどんチャレンジすべきだと考えています。この積極性はおそらく、高校で培われたのでしょう。

「がんばることは決して泥臭いことではなく、楽しいことなんだ」

私がお茶高生活で得た、最大の学びです。

# 14 ジャズダンス同好会を設立

部活動は、硬式テニス部を選びました。中学校のときに入りそびれたので、今度こそ、と。でも実は私、球技は得意ではありません。テニスをすることに憧れがあって、「できたらいいなあ」という淡い気持ちがあったのです。

ただ、テニス部にいたのは1年生の間だけ。2年生からは、仲のよい友だち10人くらいと一緒につくったジャズダンス同好会で活動しました。何か同好会を結成しようということになり、最初は弓道を考えたのですが、弓と矢、弓道着をそろえなくてはいけないため、ハードルが高かったのです。

みんなでわいわい話し合った結果、ダンスなら場所さえあればできるから、ダンスの同好会をつくろうということになりました。同じ敷地に立つお茶の水女子大学には舞踊科があり、そこの先輩がコーチになってくれました。前述のようにクラス対抗のダンスコンクールがありますので、ダンスが身近でしたし、ちょうど、『フラッシュダンス』という映画がはやっていたころだったので、その影響もありました。

同好会をつくる過程の話し合いのときは、自分の意見を主張するというより、相手の話を聞くほうが多かったですね。それは中学時代からで、クラスでは自然にまとめ役になっていました。家のなかで揉め事が起こったときにも、末っ子の私が、それぞれの意見を聞く調整役でした。そういう性格は、いまも変わりません。

## みんなでつくり上げていく楽しさ

テニス部やジャズダンス同好会で学んだのは、体を思い切り動かす楽しさ。宇宙飛行士は体力勝負という面がありますから、高校で運動をして体を鍛えたことは大きかったな、と思います。

そして、みんなで一つのものをつくり上げていく楽しさも実感しました。

仲間と何かをつくり上げる作業は、宇宙飛行士のミッションに通じるものがあります。いろいろ話し合いをして、それぞれに役割を分担し、毎日地道に練習をして、全員が一丸となって、一つの目標に向かって進んでいく――。

私は、自分の興味のおもむくままに、さまざまなことに打ち込んできました。でも、振り返ってみると、不思議なことに、どれも宇宙飛行士の仕事につながっているのです。中学時代の英語部も、高校時代のテニス部もダンスサークルも、一見バラバラで、直接は結びついていないようでいて、でも、何となくつながっていく。おもしろいものですね。

## 15 苦手な科目はマンガも活用

英語は好きでしたが、お茶高には帰国子女の生徒もいたので、自分では「英語が得意」という意識はありませんでした。

たとえば、子ども時代を海外で暮らした人は、将来の希望として「外交官」が出てきたりするんです。私など、小学生のときは外国の人を見るだけで緊張していました。ですから、「外交官なんて、すごいなあ」と憧れる半面、「私には無理かな」と思ったり……。

自分の世界が広がっていく高校時代に、身近にいろいろな友人がいたのは、とてもよい刺激になりました。

好きだった科目は、数学や物理です。

中学生のときから理科は好きでしたが、「大好き」というほどではありませんでした。ところが、高校で物理を学ぶようになって、「私、物理が好きかも」と思ったのです。物理では、ニュートンがリンゴの落下を見て「万有引力」を発見したように、自然界の現象を数式で表すことができます。それが、わくわくするほどおもしろかった。一方、動物は好きでしたが、勉強としての生物は覚えなくてはいけないことが多くて、少し苦手でした。

## 先生の情熱が興味を持たせてくれる

当時の私は、「受験勉強のテクニックではなく、もっと学問としての本質を教えてほしい」という気持ちを強く持っていました。教える先生自身がその科目がとても好きで、授業を通してその情熱が伝わってくると、生徒も興味を持ちますよね。

私が「数学って、おもしろい」「物理も、楽しいな」と感じられたのは、お茶高の先生方から、学問への情熱を感じたからだと思います。

とっつきにくかった科目は、古文。古文は、現代とは別な時代の、別な言語を学ぶ難しさがありました。それで、古文の世界になじむために、源氏物語をテーマにした、大和和紀さんの『あさきゆめみし』というマンガを読んだりもしました。この作品のおかげで、「平安時代って、おもしろいなあ」と思えたのです。

「この科目は嫌だ、やりたくない」と思ったことはありません。どの科目も勉強をすればそれなりに「おもしろいな」と感じました。そう思わせてくれたのは、各々くせがありつつも、個性と情熱のある先生方のおかげでしょう。

子どもの成長にとって、どんな大人と出会うか、先生や親の働きかけは、とても大事なことだと思います。

## 16 つらいときに支えてくれた「ニーバーの祈り」

お茶高時代を思い返すとき、真っ先に浮かぶのが、小田川恭子先生です。英語の先生で、高校3年間を通じて私の担任でした。母よりも年長でしたが、若々しくてお茶目で、昔の女学生の雰囲気をずっと残している方です。

小田川先生に教わったことはさまざまにあるのですが、いちばん印象に残っているのは「ニーバーの祈り」です。20世紀アメリカの神学者であるラインホールド・ニーバーが1943年の夏、小さな教会で説教したときの祈りで、先生が英語の授業中に黒板に書いてくださいました。

THE SERENITY PRAYER

O God, give us
serenity to accept what cannot be changed,
courage to change what should be changed,

and wisdom to distinguish the one from the other

神よ、
変えることのできるものについて、
それを変えるだけの勇気をわれらに与えたまえ。
変えることのできないものについては、
それを受けいれるだけの冷静さを与えたまえ。
そして、変えることのできるものと、変えることのできないものとを、
識別する知恵を与えたまえ。
（大木英夫 訳）

## 娘にも伝えたい言葉

高校時代にノートに書き写してから、四半世紀が経ちました。その間、何度この「ニーバーの祈り」を書き出し、思い返したかわかりません。

人生で悩んだとき、宇宙へ行く道筋が見えなくなってしまったとき……私自身がとてもつらいとき、この祈りが支えになってくれました。きっと、今後も力になってくれるでしょう。

2人の娘にも、ぜひ、伝えたい言葉です。

## 17 テレビのそばには「三種の神器」を置いて

高校時代から、私が守っている「教え」があります。それは、社会科の臨時講師として来られた、三浦先生から教わったもの。お茶高には珍しい、若い男性の先生で、個性的なおもしろい方でした。

その三浦先生に言われたのが、「テレビを見るときは、すぐそばに『三種の神器』を置いておきなさい」。

三種の神器とは、国語の辞書、英語の辞書、そして世界地図です。

前にも書きましたが、うちの居間はいつもテレビがついていて、私も立派なテレビっ子に育ちました。ただ、三浦先生の言葉を聞くまで、私にとってテレビとは、楽しんだり、リラックスしたりするための娯楽。「学ぶ機会だ」と思ったことはありませんでした。でも、漫然とテレビを見るのではなく、わからないことが出てきたら、その場で調べる――そういう姿勢はおもしろいなあと感じたのです。

## わからないことがあったらすぐに調べる

実際に三種の神器をそばに置いてテレビを見ていると、いろいろと調べることが出てくるものです。ニュースで出てくる単語、クイズ番組で出てくる世界の都市の位置、時代劇を見たときには、歴史年表なども調べました。

とくに、アメリカの留学時代には、この習慣がとても役に立ちました。詳しくは後述しますが、自分の英語がまったく使い物にならずショックを受け、必死に勉強をしましたので、テレビから学ぶことも多かったのです。

この教えは、娘と一緒にテレビを見るようになったいまも、重宝しています。娘は小学生で、自分で調べるよりは、これってどういう意味？　と私に直接聞いてくるのですが、まずは、わからないことを知りたいと思う気持ちが大事。いまはまだ一緒に辞書を引いたり地図を見たりしていますが、だんだんと自分でも調べられるようになってくれたらいいな、と思っています。

いまはインターネットも普及しているので、便利なツールを活用してもいいと思います。わからないことを自分で調べる習慣は大切です。大きくなってから役立つでしょう。

三浦先生に、「いまも教えを守っています」とお伝えしたら、驚かれるでしょうか。若いときは、何気ないことが、けっこう印象に残るのかもしれません。

## 18 受験に向けて予備校通い

附属高校なので、入学する前は「みんな、お茶の水女子大学に進むのかな」と思っていました。ところが、あるとき先生から「全然関係ありません」と言われたので、びっくりしました。推薦制度はありますが、附属高校だから有利ということはなく、試験を受けて通らないといけないのです。

そこで、1年生の夏期講習から御茶ノ水駅前にある駿台予備校に通うことにしました。ここに決めたのは、仲のよい友人たちが行っていたという単純な理由からです。

受けたのは、数学と英語、あとは小論文の授業です。文章を書くのは決して苦手ではないのですが、小論文の書き方は自分ではなかなか練習できないので、そこを強化したいと思いました。でも、調べてみたら、小論文は共通一次試験（現・大学入試センター試験）にはなかったので、途中でやめたのですが……。

数学は、秋山仁さんの授業を受けてとてもおもしろかったので、夏期講習が終わったあとも、受け続けました。

## 夜道を心配して迎えに来てくれた両親

予備校以外には、Z会の通信教育も受けていました。Z会の問題は難しかったのですが、受験勉強というより、「学問として学ぶ」という感じがあり、おもしろかったです。『大学への数学』の月刊誌もときどき手に取っていました。

成績が思うように伸びず悩んだ、という経験は、実は、そうありません。というのも、私はどちらかというと、のんびりした受験生で、「絶対にこれをがんばらなくちゃ」という気持ちが薄かったのです。

一日の勉強時間もとくに決めていませんでした。通学時間に片道1時間以上かかっていましたし、放課後は予備校にも通っていましたから……。予備校は、3年生になってからは、週に2回通っていました。予備校の授業はかなりハードで、学校帰りに予備校に寄ると、家に帰るのは夜9時過ぎになります。

わが家は、駅から徒歩15分くらい。「女の子だから」と、人通りの少ない夜道を一人で帰る私を心配して、遅くなるときは必ず、両親のどちらかが駅まで迎えに来てくれました。

この習慣は、私が就職して家を出るまで続きました。いまでも感謝しています。

## 19 廊下の隅の勉強コーナー

わが家には、私専用の部屋はありませんでした。

小・中学生のときは、とくに必要を感じず、前に書いたように、居間のちゃぶ台で勉強をする日々。でも、高校に入ってからは、さすがに「せめて自分の机だけでもほしいな」と思うようになりました。

思春期に入ると、自分だけの空間がほしくなりますよね。たとえば、本を読むときも、親に何を読んでいるのか、知られたくない気持ちが出てきました。

それで、廊下の隅に机を置くことにしたのです。父が、仕切りのためのカーテンをつけてくれました。部屋というより、「勉強コーナー」ですね。それまでと変わらず、居間のちゃぶ台の前で過ごすことも多かったのですが、「一人で机に向かいたいな」というときは、そこで勉強していました。

平均すると、毎日2時間は家で勉強をしていたでしょうか。予備校から帰って、夜9時には午前1時くらいまで勉強していました。受験直前になると、12時、ときから11時まで机に向かうことが多かったように思います。

## 夜食はチーズお餅

廊下の隅ですから、受験シーズンの冬は、さすがに寒い。そこで、腰から下は寝袋に入り、綿入り半てんを着込んで、防寒対策をしました。

おなかがすくと、自分で夜食をつくって食べました。

お餅をオーブントースターで焼き、醤油をつけて、チーズと一緒に海苔で巻いたものが大好物。そのことを知っている母親が、お餅とチーズは、欠かさないようにしてくれていました。

ただ、いつもいつも勉強ばかりしていたわけではありません。やるときは集中してずっとやり、やらないときは全然やらないタイプでした。勉強に集中しているときは何時間でもぶっ続けで机に向かうけれど、気になるマンガや小説があると、勉強そっちのけで、徹夜で読みふけってしまうことも……。

テレビを見ていても、徹夜で本を読んでいても、親から「勉強しなさい」と言われたことはありません。ただ、何となく親の視線を感じつつ、すべてをまかされることで、「誰のためでもない、自分のためにする勉強なのだ」と感じたように思います。

## 20 高校時代のお気に入り本・マンガ

高校時代は、とにかくよくマンガを読んでいました。雑誌では、『別冊マーガレット』派もいましたが、私が好きだったのは『りぼん』です。単行本では、池野恋さんの『ときめきトゥナイト』、吸血鬼と狼女を両親に持つ女の子が人間界で恋をする話です。成田美名子さんの『CIPHER』(サイファ)は、1980年代のアメリカを舞台にした、美術学校に通う女の子と双子の兄弟とのお話。吉田秋生さんの『BANANA FISH』(バナナフィッシュ)も好きでした。そして、前にも書いたように、古文の勉強にもなったのが、大和和紀さんの『あさきゆめみし』ですね。友だちと、貸しっこしたりして、楽しんでいました。

小説もいろいろ読みました。私は長編小説が好きなので、トルストイの『アンナ・カレーニナ』に挑戦。2年生のときには、村上春樹さんの『ノルウェイの森』が大ブームになり、村上さんの本を続けて読みました。思い出すと、手当たり次第に乱読していましたね。片道1時間以上かかる電車通学をしていたので、読む時間があったのです。

少しあとになりますが、大学時代に読んだ三島由紀夫の『豊饒の海』は、とくに印象に残っています。「春の雪」「奔馬」「暁の寺」「天人五衰」からなる4部作。20歳で亡くなる青年が、生まれ変わって、次の作の主人公になる構成がおもしろかった。

## 昔書いた日記を読み返すと

日記は小学生のころから、ときどきつけていました。勉強と同じで、書くときは続けて書くのですが、何ヵ月も書かない期間も。ですから、習慣といえるほどではありません。ただ、昔、自分が書いたことを読み返すと、恥ずかしいけれど、おもしろいですね。

「こんなことを書いていたんだ！」という新鮮な発見があります。

中学生や高校生のときのほうがむしろ、高尚なことを書いていたりするんです。1989年1月7日、昭和天皇が崩御した日は、大学の受験勉強の真っ最中でしたが、「これから、日本はどうなるんだろう？」などと、国の行く末を憂えるようなことを書いています。自分のことながら、真面目に考えているなあ、と……。

いまはスマートフォンを愛用して、電子的に日記をつけています。外出先でも、そして、ペンがなくても指先で打てば書けるので、とても便利。学生時代のように、鉛筆やボールペンなどの筆記用具で文字を書くことが少なくなったのは少し寂しいですが、その分、日記帳を持ち歩かなくても、ふと思いついたときに書けるので、いい記録になっています。

## 21 私の大学受験必勝法

よく聞かれるのが、「膨大な分量を、どうやって覚えるのですか?」ということ。学校の受験でも、資格試験でも、語学でも、「記憶」は避けて通れませんからね。

「記憶法」とわざわざいえるほどのものではありませんが、私の場合は、紙に書いて覚えることが多かったです。指に硬いペンだこができるくらい、せっせせっせと書いて覚えました。

試験直前になると、自分のノートを見直しました。たとえば英単語に関しては、見直したときにわからない単語があると、マーカーを上塗りしていって、目立つようにします。それでもわからないと、また違う種類のマーカーを塗る。こうすることにより、自分の苦手な単語が一目でわかりました。やはり繰り返すと定着します。

教科書以外の問題集は、何冊もやるより、一つのものを最初から最後まで何度も繰り返し解き、そのたびに間違えたところをチェックしました。一冊を繰り返し解くことで、その教科の全体像を見通すことができ、知識や考え方を定着させることができたように思います。

## 練習は本番のつもりで、本番は練習の気持ちで

志望校も決まったころ、特定の大学の受験対策としては、過去の入学試験に出た問題を、とにかくたくさん解いて、どんな問題がどのくらい出るのかというイメージを持つようにしました。

同じ問題が出ることはないでしょうが、実際の試験問題を解くと、スポーツ選手と同じで、一種のイメージトレーニングになるのです。何度も「その瞬間」に思いをはせることで、試験日当日、あわてずに落ち着いて取り組めたと思います。

ほかには、予備校の模試も、積極的に活用しました。「イメージトレーニング」と同様、試験会場の緊張感を事前に体験しておくことは大事だと思います。

後の宇宙飛行士の仕事でも、宇宙でのミッション本番を迎える前に、事前に何度も何度も模擬練習をしました。

「練習は本番のつもりで、本番は練習の気持ちでやりなさい」

よく教官に言われたことです。これは、どんな試験にも通じる心得かもしれません。

# 22 東京大学理科Ⅰ類を目指して

志望校を決めたのは、3年生の1学期でした。

自宅から通えて、さらに、宇宙のことを勉強できる大学。そうなると、限られてきます。これらの条件で絞り、ターゲットは、東京大学理科Ⅰ類に置きました。

その時点では、自分が合格できるかどうかはまったくわかっていません。そのため、どれくらい勉強したら合格の可能性があるのか、予備校の模擬テストを受けて判断しました。

お茶高は女子校でしたが、理系に進む人が半分くらいいました。仲のよい友人たちも理系が多かったですし、薬学部や理学部、医学部のほか、工学部に進む人も多かったのです。ですから、私自身は理系に進むことに抵抗がありませんでした。

でも、母は娘が理系の国立大学に進むとはまったく考えていなかったようです。聖心女子大学など、礼儀正しいお嬢様学校に行かせたかったとか……。ところが、私が国立大学、しかもバリバリの理系を選んだので、内心は驚いていたかもしれません。でも、父も母も私の意思を尊重してくれました。

## ドキドキしながら見た合格者掲示板

合格発表は、一人で見に行きました。東京大学の合格発表は、例年3月10日の午後に文京区にある本郷キャンパスの総合図書館横で行われます。

共通一次は翌日の朝刊に解答が出るので、自分がどれだけできたのかがわかりますが、二次試験は解答が出ません。試験がどれくらいできたのか、自分自身の出来はわかりますが、他の人がどれだけできたのかはわかりません。

試験のあと、自分の間違いに気づくと、「もうちょっと、できたのに……」と思ったりしました。

緊張して、ドキドキしながら見た合格者掲示板のなかに、自分の番号を見つけたときは、ほんとうにうれしかったですね。周囲では、歓声が起きたり、胴上げが始まったり、にぎやかでした。

理系には女子が少ないと知ったのは、東京大学に進んでからです。

1、2年の教養課程では四十数人いたクラスで、女子は4人だけ。「4人でも増えたほうだ」と言われました。工学部航空学科のなかでは、50人いて、女子はたった3人。でも人数が少ない分、皆、個性的で、困ったときにはお互いに助け合っていました。

# 第三章

# アメリカ留学の夢を叶える

## 23 教養課程の充実した2年間

1989年4月、東京大学の理科Ⅰ類に入学。大学生活が始まりました。

大学生活は、高校時代とはまったく違いました。お茶高は、1学年が45人×3クラスで、全校生徒を合わせても400人強。入学当初は広い世界と思いましたが、あとで振り返るとこぢんまりとした居心地のよい世界でした。一方、大学は新入生だけで約3000人と桁違いに多く、ほんとうにいろいろな人がいました。なかにはとても個性的な人もいて、最初は驚いてばかりいました。

東京大学では入学後の2年間、駒場キャンパスで教養課程を学びます。

文系の授業もたくさんあって、私は法律概論、心理学概論など、教職課程に必要な科目を中心にとりました。学んでいておもしろかったのは、法律。商業活動も含めて、世の中はこうやって動いていくのだなと実感できました。

第一外国語は英語、第二外国語はフランス語を選びました。フランス語を選んだのは、世界の公用語の一つであることと、大好きだった『星の王子様』を原書で読みたかったのが理由です。ところが、いまではすっかり忘れてしまって、フランス語を学んでいたとは、あまり言いたくないのですが……。

## 教室に通って、料理に挑戦！

教養課程を終えて学部・学科に進学しますが、それは入学後1年半を経た後、学生の志望と成績をもとに「進学振り分け」を経て内定されます。私が希望していた航空学科は人気が高く、よい成績をとらねば進めません。出席が重視される講座もあるため、サークルと重なるときを除いて授業にはけっこう真面目に出ていました。

教養課程ではいろいろな科目をとりますので、幅広く学べる時期があってよかったと思います。教養課程を通して、同じ学科ではない人たちとつながりができたのも、大きな収穫でした。

大学以外の生活でいえば、1年生から、ガス会社が主催している料理教室に月2回ほど通いました。私はずっと実家から通学していて、自分で料理をする機会がなかなかなかったので、料理を学ぶのもおもしろそうだと思ったのです。

教室では、少人数のグループに分かれ、作業を分担しながら、料理をつくっていきます。旬の食材を使った、けっこう凝った料理を習いました。できた料理をみんなで食べるのが楽しみで、3年間通いました。教室の費用は、アルバイトをして自分で出しました。

## 24 英語サークル・ESSで学んだこと

サークルは、ESS（English Speaking Society）に入りました。中学生のときにレスリーさんと文通をして以来、いつか海外に行ってみたいと思うようになり、国際的な経験ができるサークルに入ろうと決めていたのです。

ESSには、スピーチ、ディベート、ディスカッション、そしてドラマの4つの部門があり、最終的に、英語劇をつくり上げるドラマ部門を選びました。私は裏方だったので、劇に使う衣装や小道具をつくるのが主な作業。サークルで英語を使う機会はあまりありませんでした。当初の「国際的」という観点からはずれてしまったのですが、劇をつくり上げる過程やチームの力に感動して、やってみたくなったのです。

宇宙飛行士という目標に向かってまっすぐ進んできたように思われがちですが、実は、直感で決めたり、寄り道をしたり……ということも多いのです。でもおもしろいもので、そういう経験が人生の幅を広げてくれ、最終的に目標を達成するのに役立ったりもします。どんなことでも、一生懸命取り組んだという経験が、とても大事だと思います。

## 宇宙飛行士選抜試験に役立ったディベート

ESSでのいちばんの思い出は、市民ホールを借りて行った年に2回の上演会です。『ガラスの動物園』『欲望という名の電車』などの脚本を使いました。ジャズダンス同好会のときもそうでしたが、ESSでも、みんなで話し合って、役割を分担し、それぞれが自分の仕事を果たし、一つの劇をつくり上げます。その過程がとても楽しかった。あとになってからわかりましたが、チームワークという意味では、宇宙飛行士のミッションととても似ているのです。

公演のないときは週に一度、公演前は毎日、サークル室に通い、合宿にも参加しました。ドラマ部門だけでなく、ESS全体の合宿もあったので、ディスカッションやディベートのグループに参加したこともあります。

「ディベート」とは、ある公的な主題に関して、異なる立場に分かれて意見を戦わせることです。第四章で詳しく触れますが、宇宙飛行士選抜の三次試験では、隔離試験の最中に候補者8人でディベートをせよ、という課題が出ました。あのときは、ESSでディベートを体験していてほんとうによかった、と思いました。

意図していたわけではないのですが、ESSでの経験が、宇宙飛行士の選抜試験を受けたときにも、また、宇宙飛行士になってからも役に立ったのです。

## 25 演劇を見るために試食販売のアルバイト

大学時代、学費や定期代は親に出してもらっていましたが、決まったお小遣いはなかったので、いろいろとアルバイトをしました。

家庭教師はもちろん、あらかじめ登録をしておいて、スーパーマーケットに派遣される試食販売のアルバイトもしました。

試食販売では、新発売のソーセージや餃子などを小さく切って楊枝に差し、お客さんに味見をしてもらいます。派遣されるのは、主に週末。よく売れた日もあったし、もっぱら自分で試食していたときも……。このアルバイトは、いろいろな人に会えるし、スーパーマーケットの倉庫など、普通では入れない舞台裏も見られて、おもしろかったです。

家庭教師は、同じ大学の友人からの紹介があり、実家のある松戸や通学途中の経路でしていました。時給は数千円。高校生に数学と理科を教えることが多かったのですが、定期試験の前など、必要があれば全般的に教えました。当時教えていた生徒さんとは、いまでも交流があります。

## 泣ける映画『ニュー・シネマ・パラダイス』

アルバイトで得たお金は、主に演劇鑑賞に使いました。野田秀樹さんのお芝居や劇団四季の公演を見に行くために、アルバイトをしていたといっても過言ではありません。『オペラ座の怪人』などを何度も見ました。

映画もいろいろ見ました。

当時公開された作品で印象に残っているのは、イタリアのシチリア島を舞台にした『ニュー・シネマ・パラダイス』。とても感動的な作品で、ラストシーンでは号泣してしまいました。後に見た『ライフ・イズ・ビューティフル』『遠い空の向こうに』なども含めて、いまでも大好きな映画です。

映画で言えば、スタジオジブリ製作のアニメーションは、どれも好きです。なかでも、私のいちばんは、『風の谷のナウシカ』。この作品は、映画も素晴らしいのですが、宮崎駿さんが描かれたマンガはもっといいのです。内容が奥深くて、人と自然の共存のあり方を考えさせられますし、泣けます。

マンガでは、手塚治虫さんの『火の鳥』を読み返したり、竹宮惠子さんの作品が好きで、『地球《テラ》へ…』などのSF作品には影響を受けました。三島由紀夫の『豊饒の海』4部作もそうですが、当時は「輪廻転生」に興味がありました。

## 26 宇宙ロボット研究の道へ

専門課程に航空学科（現・航空宇宙工学科）を選んだのは、幼いときからモノをつくることが好きだったことと、宇宙空間で運用できるロボットの研究、開発に興味があったからです。具体的に、宇宙飛行士を目指して学科を選んだわけではありません。

ただ、ＮＡＳＤＡ（宇宙開発事業団、現ＪＡＸＡ）は、大学卒業後の就職先として、すでに視野に入っていました。ＮＡＳＤＡは人工衛星やロボットの研究・開発を行っていたので、モノづくりの現場に関われたらいいなと思っていたのです。

航空学科の人数は50人。そのなかで女子は３人でした。３年生のときは座学の授業が多く、構造力学や材料工学などを学びました。専門課程の基礎に当たるのですが、教養課程に比べると、教わる内容がだいぶ実用的になり、その分、難しくもなってきました。

飛行機の風洞実験もしました。風洞実験は、大きな筒のなかに飛行機の模型を入れ、送風機で風を送って、翼の部分の空気の流れを測定する実験です。実験データをもとに翼の設計をして、製図を書く。当時の設計はパソコンではなく手書きで、製図は定規と、憧れのステッドラーのペンを使っていました。

## 緊張した学会発表

航空学科は取り扱う内容が幅広く、自動車や飛行機のエンジンに興味を持つ人、宇宙に興味があって、なかでも人工衛星に興味がある人、私のようにロボットに興味のある人など、さまざまでした。

卒業後の進路もバラエティに富んでいて、自動車工業、重工業、鉄道のほか、銀行や保険会社に進み、システム系のエンジニアになった人もいます。

4年生でさらにコースが分かれます。私は宇宙工学コースに進み、故・田辺徹教授の研究室に入りました。田辺研究室に入った5人ほどのうち、女子は私一人でした。授業数は3年生のほうが多いのですが、4年生になると、レポート、宿題、卒業論文のテーマ探しがあるので、忙しかったですね。アルバイトも回数を減らしました。

また、4年生のときには、初めて学会発表を経験しました。

宇宙に関する学会はたくさんあって、私が発表したのは宇宙航空連合講演会です。千人以上も集まる大きな学会ですが、各分科会に分かれるので、私は百人弱の人の前で発表。とても緊張しましたが、日本中の航空宇宙の分野の研究者と交流をもてたことは、刺激になりました。

## 27 卒業設計は「宇宙ホテル」

工学部では、卒業論文のほかに、卒業設計として、図面を一つ書かなければいけません。宇宙工学コースの人は、人工衛星の設計、という決まりになっているのですが、私は「宇宙ホテル」を選びました。宇宙ホテルも人工衛星の一種だろうということで。私にとっては、「人間が宇宙に行く」ことが重要だったのです。その当時、大手の建設会社が「宇宙ホテル構想」を新聞紙上に発表したこともあり、「おもしろいな、自分でも設計してみよう」と思ったのでした。

宇宙ホテルの設計は、人工衛星と同じ設計手法を踏襲しました。20個ほどの個室カプセルが回転し、人工重力を発生させるというもので、そのなかで人間が滞在できるように、構造設計、熱設計をしました。田辺先生も研究室の人たちも「へえ、こんなことをやっているんだ」と、おもしろがってくれました。

卒業論文のテーマは「宇宙ガソリンスタンド」。研究室でずっと研究していたテーマだったので、先生と先輩と話し合って進めました。

「宇宙ガソリンスタンド」は、さらに遠い宇宙へより効率的に、人間や人工衛星を送り込むためのものです。従来のシステムでは、1回の打ち上げで、必要な燃料をすべて携帯して、人間や人工衛星を宇宙に輸送します。でも、宇宙のところどころに、ガソリンスタンド（燃料貯蔵基地）があれば、そこで燃料を補給できます。燃料を積まなくてよくなることで宇宙船が軽量となり、打ち上げのコストが低減できますので、効率的に月や火星などの惑星に行くことができるのです。

地球を取り巻く地球周回軌道上に、何個のガソリンスタンドを置けば、トータルでもっともコストが安く、もっとも効率的に給油できるか。私の役割は、パソコンを使ったシミュレーションを行うことでした。わが家にもすでにパソコンはあったのですが、研究室のものと比べると性能がよくないので、みんなでシフトを組んで研究室のパソコンを使っていました。当時は、線を引くのも、円を描くのも、いちいちプログラムを組んでいたので、時間がかかったのです。そのため、けっこう夜遅くまで研究室にいました。

## 夜遅くまで研究室のパソコンを使って

研究室からの帰りが遅くなるときは、高校時代までと同様、父か母が駅まで迎えに来てくれました。どんな日も、「今日は迎えに行けない」と言われたことはありません。ですから、私も研究室を出るときは、必ず家に電話をして、到着時間を知らせていました。

## 28 中学生からの夢、アメリカ留学を決意

1993年3月に東京大学を卒業し、4月、同じ大学の大学院（工学系研究科航空宇宙工学専攻修士課程）に進みました。大学院の学費は親が出してくれました。

就職することももちろん考えましたが、もう少し研究を続けたかったのと、どうしてもアメリカに留学してみたかったのです。前に書いたように中学時代にレスリーさんと文通をしていたときから、「いつか海外で生活したい」と願っていましたし、宇宙先進国であるアメリカで宇宙の勉強をしてみたいという思いも強くなっていました。

ほんとうは、大学時代に留学したかったのですが、湾岸戦争（1990〜91年）が勃発したため、叶いませんでした。

そんなこともあり、大学院に入ったら、すぐに留学したいと考えていました。1年目であれば、日本の大学に籍を置いたまま留学できるので、修士課程を2年で卒業できるからです。これが2年目に入ってから留学すると、卒業までに3年かかってしまいます。です

から、できるだけ早く留学したくて、4年生のときに両親に留学希望を打ち明けました。

ところが、大学院進学に対しては何も言わなかった両親が、留学に関しては、猛反対。当時はまだ湾岸戦争の余波が残っていたので、父は「とにかく危ない。国際情勢も不安定だし、アメリカは治安もよくない。海外体験もないのに、若い娘が1年も海外に行くなんて、とんでもない」と、一歩も引かない構えでした。

いま振り返ると、親の心配はもっともです。でも、私としては諦めたくありませんでした。両親には唐突な申し出だったかもしれませんが、私にとっては10年以上温めてきた夢だったからです。

## 親の反対の陰で、準備を始める

そこで、自分なりに留学準備を始めることにしました。

まず、米国留学情報サービスを行っている「日米教育委員会」の留学情報サービス室へ行き、アメリカの大学・大学院留学に関する情報を集めました。

学部の4年生のときは、卒業設計と卒業論文で忙しく、時間をつくるのが大変で、行きたい大学の情報を集めて、願書を取り寄せ、奨学金を申し込むまで、結局、1年かかってしまいました。

将来、留学を考えている方は、早めに準備を始めることをおすすめします。

## 29 留学準備——TOEFLとGRE、奨学金

アメリカの大学院に願書を送る際には、日本の大学での成績証明書、TOEFLの成績、GREの成績、そして、英語で書いた小論文を提出する必要があります。

TOEFL (Test of English as a Foreign Language　外国語としての英語のテスト)は、英語を母国語としない人たちを対象にした英語力判定試験です。英語圏の大学や大学院における英語コミュニケーション能力(講義を受講できるだけのリスニング力、学術書が読めるリーディング力、ディスカッションに参加できるスピーキング力)が問われます。

私は大学4年生のときからTOEFLを受け始めました。1回目はスコア(点数)が伸びませんでしたが、2回目で大学院に合格できそうなレベルに行くことができました。TOEFLの勉強は、過去問を解いたり、英単語本を読むなど、授業や研究の合間に、図書館で集中して取り組みました。

GRE (Graduate Record Examination) は、日本の大学入試センター試験のようなも

ので、アメリカやカナダの大学院に進学するために必要な共通試験です。科学系の専攻を希望する人には一般知識を問う General Test のほか、専門知識を問う Subject Test のスコアが必要となります。

GREの勉強は、洋書の対策問題集を買い、何度も繰り返しました。ボキャブラリー(語彙)を豊富にするためにも役に立ったと思います。GREの試験も4年生のときに受けました。年に1回しかないので、緊張したことを覚えています。

## ロータリー財団の奨学金を受けて

奨学金はいろいろ調べて、ロータリー財団の「国際親善奨学金プログラム」に申し込みました。この奨学金は、異なる国や地域の人々の間での理解と友好関係を推進することを目的とし、大学の学部生や大学院生のほか、職業関連の研究を希望する専門職の人を対象としています。年間300万円程度の奨学金を受けられるので、生活費と学費がまかなえます。

奨学生の選考方法は、まず自分が住んでいる地域の最寄りのロータリー・クラブに連絡をとり、応募書類を送って面接をしてもらいます。次に地区面接に進んで、最終的に千葉県地区の奨学生として選んでいただきました。

面接では、志望動機と将来への夢を詳しく聞かれ、それによって自分自身のなかでも目標が具体化されていきました。

## 30 メリーランド州立大学から届いた入学許可証

志望校は3校に絞りました。

まず、ペンシルベニア州ピッツバーグにある私立のカーネギーメロン大学。ここはノーベル賞受賞者を輩出している大学で、工学分野でも高い評価を受けています。次にメリーランド州立大学。ここもノーベル賞や数学で権威のあるフィールズ賞受賞者を多く出しています。そして、カリフォルニア州立大学。NASAのジェット推進研究所が近くにあり、惑星探査機や宇宙ロボットの研究が盛んに行われています。

州立大学は、私立よりも学費が安いため、まずは州立に決めました。メリーランドかカリフォルニアかで悩みましたが、ロータリー国際親善奨学生は各地域に分散する必要があったため、カリフォルニア州は留学生の人気が高いことも考え、最終的にメリーランド州立大学を選びました。

ここは、ロボット工学や人工知能工学の研究が活発で、全米屈指のレベルを誇っています。大学構内には、アメリカの大学で唯一、実験用の直径10メートル、深さ10メートルの巨大な水槽があり、この水槽にロボットを沈めると、宇宙空間での無重力に近い状態をつくり出せます。それらが決め手となって、願書を送ったのです。

余談ですが、筑波宇宙センター内の無重力試験棟にも巨大水槽があります。私は1999年に、宇宙飛行士の候補者に選ばれたあと、水中用に改修された重さ120キログラムの宇宙服（価格は10億円）を着て、水中に入り、疑似的につくり出した無重力状態のもとで作業訓練を行いました。

## 父のひと言「がんばってきなさい」

メリーランド州立大学からエアメールで入学許可証が届いたときは、ここに至るまでの道のりを思い返し、感無量でした。入学に必要な手続きを記した分厚いパンフレットも同封されていました。一つひとつを注意深く読んでいくのも大変な作業でしたが、気持ちはとてもわくわくしていました。

私は両親に許可証を見せ、奨学金を得ていることを説明し、改めて「留学したいのだけれど」と申し出ました。入学許可証まで差し出されたら、もう反対はできないと思ったのかもしれません。1年前とは違い、父は「わかった。がんばってきなさい」と言ってくれました。どんなに自分の意見と私の意見が違うときでも、きちんと説明し、努力をすれば、最後には認めてくれた両親に、感謝しています。

## 31 英語が通じない！ 語学学校でカルチャーショック

アメリカの大学は9月から新学期が始まりますが、英語力を鍛えたかった私は、学期前の夏休みを利用して、カーネギーメロン大学が提供する語学研修に参加しました。

英語に関しては、大学に入ってからもNHKのラジオ講座を聞き続けていましたし、TOEFLやGREの試験対策を通じて、自分なりに勉強をしてきたつもりでした。でも、現地に行ってみると、発音とスピードが全然違うのです。ラジオで聞く明瞭なアナウンサーのような話し方ではありませんし、人によって訛りもあります。勝手が違って、相手の言っていることがわからないし、自分が話すこともまったく通じません。

アイスクリームショップで、「バニラ、プリーズ」と言ったのに、渡されたのはバナナ味。マクドナルドで「ホットティー（紅茶）、プリーズ」と言ったら、ホットケーキが出てきました。いまでこそ笑い話ですが、当時は、これ以上ないくらい落ち込みました。

語学研修でも、一対一であれば、それでも何とか会話が成り立つのですが、複数で話していると、会話のスピードについていけず、途中でわからなくなります。

でも、もうアメリカに来てしまっているのです。勉強するしかありません。

## 初めての海外一人暮らしでホームシック

語学研修は英会話の授業のほかにも、少し上級のディスカッションやディベートの授業もありました。浴びるような英語についていくため、がむしゃらに勉強したことを覚えています。それと同時に、学校には東南アジアやヨーロッパからの留学生のほか、日本人も多く、友だちもできました。彼らと英語で話すことが、いい練習になっていきました。

この語学学校は、夏休み中で空室になっていた大学院生用の寮で生活する、というシステムでした。

寮は数人との相部屋で、トイレやシャワーは共同です。

驚いたのは、このトイレとシャワーが男女共用だったことと、同室の留学生の生活パターンがまちまちだったこと。迷惑をかけないように人に合わせる、という概念はありません。朝が早い人もいれば、夜通し起きていて、明け方眠る人もいました。いろいろなことに、いちいちカルチャーショックを受けながらも、何とか適応していきました。そして、慣れてしまえば、これぞまさに学生生活！　日々を謳歌しました。

ただ、やはり初めての一人暮らし、しかも海外。ホームシックもあり、日本の両親にはよく手紙を書いていました。

## 32 メリーランド州立大学での日々

夏休みの語学学校が終わり、メリーランド州立大学に移りました。

ピッツバーグとは違った静かな大学町で、日本人はほとんどいません。すべて自分で何とかしなければならないという厳しい環境でしたが、いまから思えば、かえってそれがよかったのかもしれません。

住まいは、大学まで徒歩20分のところにある寮の一室を借りました。寮といっても、カーネギーメロン大学の寮とは違って、アパートの一室です。

自分の個室が持てて快適でしたが、まず困ったのは、電気やガスの契約。連絡手段は電話だけなのですが、つながっても、相手が何を言っているのかが聞き取れません。受け答えが通じないと、ガチャンと切られてしまう。ショックを受けました。何度もかけ直して、何度も同じことを訴え、やっと電気とガスが通じるように……。

最初は生活道具が何もなくて、スーツケースをテーブル代わりにしたり、椅子代わりにしたりしていました。

## 休日は、ワシントンDCで観光

アパートでは自炊です。日本食が恋しかったので、現地で炊飯器を買いました。保温機能はなくて、何とかごはんが炊けるだけのもの。でも、自炊は楽しく、学生仲間に、日本食をふるまったこともあります。手巻き寿司やちらし寿司などをつくって、みんなを招待しました。私も、知り合いのホームパーティには、しょっちゅう顔を出しました。研究室の人の自宅に招かれたり、同じ寮にすむ友人の家に遊びに行ったり……。

外国の人と親しく付き合うのは初めての経験でしたが、宇宙飛行士はさまざまな国の人と一緒にする仕事なので、留学時代の経験はとても大きかったです。

アメリカ合衆国の首都であるワシントンDCが近かったので、学校が休みのときは、メトロ（地下鉄）に乗って、ワシントンDCに出かけました。国会議事堂やホワイトハウスなどの名所をはじめ、博物館や美術館、いろいろなお店があるので、飽きずに観光して回りました。

スミソニアン博物館のなかにある国立航空宇宙博物館へは、とくに何度も通いました。アポロ宇宙船の実物カプセルやスペースシャトルの試験機が展示されていて、宇宙への夢を育てていたのです。いまでは私が搭乗したスペースシャトル「ディスカバリー号」も展示されていることに、縁を感じます。

# 33 英語力アップのコツは「録音」

英語に不自由なく現地の人とコミュニケーションをとるには、夏の語学学校だけでは不十分でした。授業が始まると、集中して英語を聞かなければならないので、少しずつは慣れていきます。それでも、相手の話が聞き取れて、自分でもスムーズに話せるようになったのは、3ヵ月後くらいでしょうか。

英語がなかなか口から出てこないことには、話を切り出すこともできないため、もどかしかったです。でも、学生たちの会話をよく聞いていると、特別高尚なことを話しているわけではなく、大半が日常の些細なこと。

「ごく普通のことを話しているだけなんだ」

そう気づいてからは、自分から話しかけられるようになりましたし、授業中も発言できるようになりました。

英語力を高めるために心がけたのは、積極的に人と話すこと。テレビやラジオも集中して聞くようにし、辞書とメモ帳は常に持ち歩いていました。わからない単語や言い回しがあったら、すぐに書きつけ、調べました。

## 自分の下手さ加減が恥ずかしくても

また、あるとき、他の留学生の発音を聞き、「自分の英語は他人にどう聞こえているんだろう?」と思ったことがきっかけで、自分の話す言葉を録音することを始めました。これは、正しい発音を身につけるために、とても効果がありました。

英語の教科書や新聞記事を音読し、それをテープレコーダーに録音します。

最初は、あまりに下手な自分の声を聞き返すのが恥ずかしくてたまりませんでした。言葉と言葉の間にアーなどの音が沢山入り、全体のイントネーションも不自然で、変な発音をしてしまいます。

でも、そこでやめないで、ネイティブ・スピーカーのような速さで流暢に読めるようになるまで、同じ文章を何度も音読します。この作業を繰り返すと、自分の発音やイントネーションの癖がわかり、そこを直すことで上達を実感することができました。そうすると自然とリスニングも上達していきました。

録音は、宇宙飛行士になってからも、練習として続けていました。

英語がなかなか通じない、上手に発音ができない、という方は、ぜひ、継続して取り組んでみてください。

## 34 必要なのは「相手に伝えたいこと」

留学して英語でのコミュニケーションに苦しんだ私でしたが、もう一つ、とても大事なことに気づきました。

それは、「語学は、あくまでもツール（道具）にすぎない」ということ。ツールを持っていなければ、自分の言いたいこと、伝えたいことが伝わらないので、ある程度の英語力は必須です。しかし、それ以上に大切なことがあって、それは、「相手に伝えたいことを、自分が持っているかどうか」。

たとえば、アメリカでは「イエス」「ノー」をはっきりと伝えなければなりません。最初は戸惑いましたが、その場の雰囲気や周囲の人を慮って自分の意思を明確にしないと、かえって「この人、何を考えているの？」と不審に思われてしまいます。

日本の文化では、はっきりと否定することはあまりよしとされません。私も、最初は「ノー」となかなか言えませんでした。しかし、アメリカの文化では、意見が同じかどうかではなく、それぞれが自分の意思をはっきりさせることが大切。きちんと伝えさえすれば、たとえそれが「ノー」であっても、相手は気を悪くしないことがわかりました。

感情を気にしすぎるのではなく、論理立てて会話すること。これは、文化も常識も違う人とコミュニケーションをとるときには必須です。それからは、意識して、「イエス」「ノー」の自分の意見を明瞭に言うように心がけました。

## 「日本はどんな国?」に答えられず

それから、アメリカでは日本のことをよく質問されました。

「日本はどんな国なの?」「どんな文化なの?」と聞かれたときに、うまく答えられなくて、恥ずかしかったです。理系だから地理や日本史も選択しなかったしなぁ……などと心のなかで言い訳したりもしましたが、そういう問題ではありません。

「空手はできる?」「お茶を教えて」などと言われても、何一つできません。「自分の生まれた国のことを知らないと、ダメだなあ」と反省の日々でした。

「留学するんだ、外国へ行くんだ」とばかり思っていましたが、日本人としての軸や、自分のなかに伝えたいことがきちんとないと、外国の人と対等なコミュニケーションはとれない、ということを痛感しました。

これは、宇宙飛行士になってからも同じです。まだまだ人数が少ない職業なので、「国の代表」という面もあり、日本人であることを意識させられる場面が多かったです。

## 35 デイビッド・エーキン教授の研究室で

大学では、宇宙におけるロボットの研究・開発で有名なデイビッド・エーキン教授の研究室に入りました。

ロボットというと、鉄腕アトムのような人型ロボットを連想しますが、宇宙におけるロボットは、国際宇宙ステーション（ＩＳＳ）の建設に利用するロボットアームのように、腕だけに特化したりしています。

エーキン先生は、私が留学する数年前に、マサチューセッツ工科大学からメリーランド州立大学に移っていましたので、私が研究室に入ったときには、実験や研究の環境は整っていました。

研究室には、ロボットや宇宙に興味のある人たちばかり集まっていますから、国は違っても、東京大学の田辺研究室の雰囲気に似ているなと思いました。

日本人は勤勉だとよくいわれますが、エーキン研究室の研究者たちもとても勤勉。その点も、共通していましたね。

自分独自のテーマを探す、というより、研究室の一員として、先輩に教わりながら研究を進めていきます。博士課程の人にコンピューターのプログラミングの仕方を教わったほか、修士課程の先輩に、いろいろなことを教わりました。

指導教官であるエーキン先生とは、週に一度会って、研究を進めていくうえでの助言をいただきました。

## 月に1回、巨大水槽での水中実験

入学願書を送る決め手となった、巨大水槽での実験も行いました。これは、研究室全員で行う共同実験で、月に1回、高さが1メートルほどもある大きなロボットを水槽に沈めて、データをとります。私は実験の準備とデータ解析を担当しました。

水中でロボットがうまく動かせないときは、原因を探るために、ロボットをすべて分解して、組み立て直します。手伝いながら、「毎回毎回、大変だなあ」と思いました。

スペースシャトルや宇宙ステーションが、いろいろな不具合は起こるにしても、きちんと動いているのはほんとうにすごいことで、その背後には、膨大に積み重ねられた地道な研究と実験の作業があるのだ、と実感しました。

エーキン先生の研究室で出会った研究者たちとは、いまでも要所要所で連絡をとり合っていて、このときの人間関係は、私の大きな財産となっています。

# 36 「ゾンタクラブ」の女性たちとの出会い

ロータリー財団の「国際親善奨学金プログラム」の奨学金をいただいたことは前に書きましたが、それに加えて、私は、「国際ゾンタ　アメリア・イアハート基金」が主催する「アメリア・イアハート奨学金」もいただいていました。

アメリア・イアハートさん（1897〜1937）はアメリカの女性飛行士で、女性として初めての大西洋単独横断飛行を成し遂げた方です。彼女の奨学金は、大学院課程で航空関連の科学や技術を学ぶ女性が対象になっています。

この奨学金をいただいていた関係で、留学中、「国際ゾンタ（Zonta International）」の女性たちと会う機会がありました。なお、「ゾンタ」はアメリカ先住民の言葉で、誠実、信頼を意味しているそうです。

「国際ゾンタ」は、1919年に発足した世界的な奉仕団体で、女性の地位向上と社会奉仕を目的としています。企業の管理職や専門職の指導的立場にいる人たちがメンバーになっていて、女性飛行士のアメリア・イアハートもかつて入会していました。そのため、彼女が遭難した翌年の1938年に、彼女の後輩にあたる航空宇宙科学分野で研究する女子学生のための奨学制度を設立したそうです。

国際ゾンタは、ユニセフへの協力や、子どもと女性への暴力の防止などにも取り組んでいると聞いています。

## 70代の女性飛行機乗りに感動!

現地のゾンタクラブの支部の会合に呼ばれたことがあります。会員の皆さんに会って、びっくりしました。

70代以上のおばあさんが「私、ヘリコプターに乗っているのよ」「私は小型飛行機を操縦しています」と話しているのです。

おばあちゃんになっても、いきいきと活躍している姿を見て、「ああ、すごいなあ」と刺激を受けましたし、憧れました。

帰国してからは、日本のゾンタクラブの支部の会合にも何度か参加しました。

会員は、会社員から大学の先生まで、いろいろな方がいらっしゃいます。広く慈善活動を行っていて、飢餓で苦しんでいるアフリカの子どもたちへの支援など、さまざまな活動をしているそうです。

多くの女性に関心を持ってもらえれば、と願っています。

## 37 宇宙飛行士の募集に落選

留学も終わりにさしかかった1995年春、日本のNASDA（宇宙開発事業団）が宇宙飛行士を募集していることを知りました。

ロータリー財団の人から届いた手紙に、「日本でも宇宙飛行士の募集が始まりました」と書いてあったのです。「やった！　これだ！」と思い、すぐに調べてみました。

私でも受験資格がありそうでしたので、NASDAに連絡して、願書をアメリカまで送ってもらいました。

しかし結果は……書類審査で落ちてしまいました。願書も一生懸命に書いたし、論文を添付し、履歴や志望動機も考え抜いて文章にまとめたので、NASDAから届いた薄い封筒から、「不合格」と書かれた紙が出てきたときは、ショックでした。

落ちた理由は教えてもらえませんでしたが、おそらく実務経験がなかったことが敗因だったと思います。募集条件には、「自然科学系の研究、設計、開発に3年以上の実務経験を有すること（なお、修士号は1年、博士号取得者は3年以上の実務経験と見なす）」という項目がありましたから。

私としては、留学期間も実務経験に入れてもらえれば、何とか応募条件をクリアできるのではないかと期待していたのですが……。

でも、「実務経験が足りなかったのだからしかたがない」と自分に言い聞かせ、「次に募集があったらがんばろう」と、気持ちを切り替えました。

ちなみに、そのときに合格したのが、野口聡一さんです。

## 留学が私の人生を変えた

日本に帰国したのは、1995年6月です。

留学生活で得たものは、言葉で書き尽くせないほど大きかったですね。一人暮らしを体験したのも、海外で生活することも初めてでした。

もし、留学をしていなかったら、私の人生は全然違ったものになっていたと思います。

最初、英語でのコミュニケーションに戸惑ってうまくいかなかったことも含めて、1年間、海外の大学の研究室で、外国人の研究者と一緒に学んだ経験は、「日本の外でも働いていける」と大きな自信になりました。

宇宙飛行士を目指す人には、ぜひ、海外留学など、海外の人と一緒に活動する経験を持つことをすすめたいと思います。

# 第四章

# 宇宙飛行士選抜試験に挑戦

# 38 修士論文執筆と就職活動

メリーランド州立大学の授業が5月に終わったあと、すぐに帰国し、東京大学の大学院に戻りました。

それからは、修士論文の執筆と就職活動の日々です。就職活動の時期はすでに始まっていて、私は遅いスタートになりました。

宇宙開発の現場で働きたかったので、NASDA（宇宙開発事業団）か、宇宙関係のメーカーを希望していました。もし就職できなかったら、東京大学の博士課程に進むつもりでした。ただ、同じ大学からでも、博士課程に進むためには試験を受ける必要があります。そこで願書を書くなど、進学のための準備もしていました。

就職活動は、学部生と同じような手順を踏みました。

まず、NASDAや宇宙関係のメーカーに就職した卒業生に個別に会って、話を聞きました。それから筆記試験を受けて、面接があります。9月初めに、NASDAへの就職が内定しました。

他の入社試験でも同様でしょうが、筆記試験や面接の受け答えだけではなく、いままでの経験も含めて総合的に判断されていたと思います。しかし、これが正しい、というような解は決まっていないですし、道も一つではありません。自分で自分のことを客観的に見て、自分だったらこの人と一緒に仕事をしたいだろうか、どういう人だったらいいだろうか、と考えてみると気づきがあると思います。

## 修士論文のテーマはロボットアームの安全化装置

修士論文のテーマは、メリーランド州立大学での研究内容を継続しました。内容は、ロボットアームを含めた宇宙でのロボットが、環境から学習する知能を持ちつつも、予想外の事故が起きても暴走しないよう、安全化装置をつくるためのシミュレーションです。修士論文は、英語で書きました。

人工知能が進化をすると、知能を持ってしまう分、設計者が予期できないことが起こる可能性があります。そうなると、とくに宇宙では大事になりかねないので、一定の枠で抑えられるようにする研究です。宇宙で求められる高い安全性と信頼性は、地上のロボットにも応用がききます。私は日本航空宇宙学会に所属していたので、秋の学会に参加して、論文発表をしました。論文の執筆と学会の準備と就職活動とが重なっていたので、この時期は大変だったことを思い出します。

## 39　希望とは違う初仕事「きぼう」

1996年4月、NASDAに入社しました。同期の新入社員は、40名弱。15人ほどが筑波宇宙センター勤務で、種子島宇宙センターに配属された人もいました。

私は、大学での研究が継続できるところということで、宇宙ロボットの研究部署への配属を希望しました。しかし、新入社員の希望は通らないのが世の常です。偶然ですが、最初に配属されたのは、国際宇宙ステーション（ISS）の日本実験棟「きぼう」の開発部門でした。

ISSは、地上から約400キロメートル上空に建設された人類史上最大の有人宇宙施設で、地球周回軌道を一周約90分というスピードで回りながら、実験・研究、地球や天体の観測などを行っています。ステーションの大きさは約108・5メートル×72・8メートルとサッカー場ほどもあり、重さは約420トン。「きぼう」は日本初の有人実験施設で、「船内実験室」と宇宙空間にさらされる「船外実験プラットフォーム」や「ロボットアーム」などからなっています。国際宇宙ステーションの実験棟のなかでは最大です。

## 一見、遠回りに見える道でも

「きぼう」開発部門のメンバーは約60名、ほとんどが技術者で、女性の技術者は私が初めてでした。「きぼう」は、複数のメーカーが担当して製造し、それをNASDAが取りまとめ、NASA（アメリカ航空宇宙局）とのインターフェース（接続部）を確認していきます。私の仕事は、各部位をまとめるシステム・インテグレーション（統一）、初期運用手順の作成、故障解析などでした。

紙の上での仕事が多く、配属された当初は、「私は実際のモノづくりや研究がしたくて、NASDAに入ったのになあ」と思った日もありました。

でも、プロジェクトの管理は大変であると同時に、私の予想を超えて、おもしろかったのです。たくさんの人と関わり、大きなプロジェクトの中心部分を担い、巨大な実験棟である「きぼう」を少しずつ形にしていくことは、モノづくりの醍醐味の一つでもありました。モノづくりはとても奥深いのだということを実感する日々でした。

東京大学時代の恩師、田辺教授が「これからはシステム・インテグレーションが大事だ」とおっしゃっていました。期せずしてそういう仕事に関わることができたのは、ラッキーでした。それに、取り組んでみると、意外に向いてもいたのです。目の前の希望とは違う仕事でも、まずはやってみる。その姿勢が、夢につながっていくのかもしれません。

# 40　ＯＪＴで先輩たちに鍛えられて

まだ新入社員なのに、担当するのはシステム・インテグレーションという、プロジェクトを大局的に見る仕事なので、戸惑いは大きかったです。

幸いなことに、私には仕事上のメンター（指導者、助言者）が2人いて、ＯＪＴ（on the job training　実際の仕事を通して職業訓練をすること）をしてくれました。数歳年上の男性の先輩で、一人は田辺研究室の先輩でもありました。一人は厳しく指導してくれる方、もう一人はどちらかというと優しく相談にのってくれる方、いまから思えば、両方の仕事のスタイルを学ぶことができました。

仕事中は常に彼らとともに行動。月に1回、面接もありましたが、彼らの背中から学ぶことが大半でした。ＯＪＴ期間は1年続き、とくに最初の半年間は、仕事上の心構えや日常の細かな部分まで、厳しく指導されました。「きぼう」プロジェクトのなかで、ＮＡＳＤＡは各メーカーさんのシステムを統一する役割ですから、発言や動作には気を遣う必要があります。また、決断していくべき事柄も多い。

ですから、新人のうちは、電話に出てもすぐに先輩に回すほか、外部との会議ではノートをとるだけ。発言することは許されません。半年後、ようやく会議で発言できるようになったときは、少し一人前になったと感激しました。親心で厳しく指導してくれたＯＪＴの先輩方のおかげ、みっちり鍛えてくれたことに感謝しています。

## 会議中に「エヴァンゲリオン」が！

仕事は、自分のペースで進めるわけにはいきませんし、責任が生じます。しかも、私の役割はシステム・インテグレーションでしたので、いろいろな人と関わりながら、ミスのないよう、遅れが生じないよう、進めていかなければなりません。最初は「これは、大変だ」と思って、緊張しました。

新人なので毎晩遅くまで仕事をすることも多かったですし、いわゆる雑務も多かったです。そして、社内の会議中に、議事録をつくっていたときのこと。

途中議論が長引いて、ノートパソコンのキーボードを打つ手がとまっている間に、ハッと気づいたときには、パソコンの画面がスクリーンセイバーに変わっていました。画面の焼き付きを防止するため、一定時間使わないと、スクリーンセイバーに変わる設定にしていたのです。私の場合、よりによってアニメーションの「エヴァンゲリオン」の絵柄だったので、上司や先輩に笑われて、恥ずかしい思いをしました。懐かしい思い出です。

## 41 お箏を再開——日本文化を学ぶ

入社当時は、筑波宇宙センターの近くに、ワンルームのアパートを借りていました。日本では初めての一人暮らしです。しばらくは、通勤をはじめ、どこに行くにも自転車でしたが、夜中まで仕事をすることも増え、また買い出しにも便利なように、自動車を買いました。

入社して早々は、休みの日に、つくば市の街を探検。つくば市は「科学技術の街」というイメージが強いのですが、標高877メートルの筑波山が近くにありますし、里山の自然がまだ残っているところです。子どものころから散歩が大好きなので、天気のよい日には、戸外を歩き回って、気分転換をしていました。

また、同期の仲間たちとよく集まって、仕事の失敗を打ち明け、お互いに慰め合ったりしたことを思い出します。

学生から社会人という変化はとても大きいので、同じ境遇にいる同期の仲間の存在が、とても心強かったです。

## 外国の人にきちんと伝えられるように

仕事以外の面では、つくばでお箏の先生が見つかったので、お箏を再開しました。前にも書いたように、留学先のアメリカで、自分があまりに日本という国や日本文化を知らないことを痛感しましたので、帰国したら、少し学びたいなと思っていたのです。札幌市に住んでいたとき以来でしたから、約17年ぶり。箏は松戸の実家から車で運びました。

そのほかには、茶道や華道、武道など、日本文化に関する本を読みました。次に海外に行く機会があったとき、外国の人たちに、日本の国の文化をきちんと伝えられたらいいなあと思ったのです。このとき学んだことは、宇宙飛行士の選抜試験でも、また、宇宙飛行士になってからもとても役に立ちました。

また、留学時代に培った英語力を落とさぬよう、ラジオを聞いたり、洋書を読んだりして、英語の勉強は続けていました。

子どものころは、外国人を前にするとちょっと引いてしまう「海外コンプレックス」を持っていたのですが、1年間の留学でなくなりました。

異文化を体験するのはこれからさらに大事になっていくでしょう。子どもたちには、積極的に異文化にふれさせることをおすすめします。

## 42 3年ぶりに宇宙飛行士に再挑戦

1998年春、NASDAが「平成10年度　国際宇宙ステーション搭乗宇宙飛行士候補者募集要項」を発表しました。

それを知ったときは、「やった～！」と飛び上がって喜びました。前回の募集に書類選考で落ちたとき、「次に募集があったらがんばろう」と気を取り直しましたが、3年後にまた挑戦のチャンスがめぐってくるとは、予想していなかったのです。ちなみに、この次に宇宙飛行士が募集されたのは、10年後。ですから、私はとてもラッキーだったと思います。

すぐに取り寄せた応募書類は、色刷りのパンフレットで、「宇宙に行こう、未来を拓こう」というメッセージが。気持ちをかきたてられましたね。

しかし、そのころの私は、「きぼう」部門から異動し、新しい生命科学実験施設「セントリフュージ」の概念設計と開発を担当していました。少ない人数で新しいプロジェクトの立ち上げをしていたため、ほんとうに忙しく、午前2時過ぎまで職場にいることも。守衛さんと顔見知りになったくらい、毎晩残業続きでした。

ですから、応募書類を配達記録郵便で「宇宙飛行士募集係」に郵送できたのは、募集締め切りである4月30日の前日。ギリギリでした。

## 父が書いてくれた推薦文

書類の内容は前回とほとんど一緒でしたが、新たに加えられたのが、「家族からの推薦文」です。そこで、休みのときに松戸の実家に戻り、父に「宇宙飛行士の選抜試験を受けたいので、推薦文を書いてほしい」と頼みました。

私がいきなり、「宇宙飛行士になりたい」と言い出したので、父は驚いていましたが、数日後、推薦文が届きました。

「大学における専攻及び現職を通じ、その知識、技能を宇宙飛行士として発揮し、宇宙開発に貢献したいというのが本人のたっての希望であり、その目標達成を親としても期待しています」

この文章を読んだとき、胸が熱くなりました。

宇宙飛行士の訓練では、一歩間違えれば生命が危険にさらされるものもあります。家族が反対していたら、無心で訓練に臨むことができません。宇宙飛行士になるということは、自分一人ではなく、家族を巻き込むことなのだ、と自覚させられました。

## 43　第一次選抜は英語検定・筆記試験・医学検査

書類選考には、応募書類による審査のほかに、英語検定もありました。第一次試験の前に、全国6ヵ所で2度実施されましたが、TOEFLやTOEIC（Test of English for International Communication　国際コミュニケーション英語能力テスト）、実用英語技能検定などの受験経験があり、英語能力を証明する書類を提出できる人は免除になります。私は、5月に英語検定を受けました。

同じ回の宇宙飛行士選抜試験を受けた北海道の医師、白崎修一さんの著書『中年ドクター　宇宙飛行士受験奮戦記』に詳しく書かれていますが、英語検定の形式は筆記試験とヒアリング試験で、TOEICによく似ています。さらに加えて、4コママンガを文章で解説するという、文章表現力を問う問題が出されました。

書類選考の結果は、6月中旬には届きました。前回は、落選のお知らせを印刷した紙が1枚入っているだけでしたが、今回は第一次試験のお知らせが入っていました。うれしくて、電話ですぐに両親に知らせたことを覚えています。

## バランスよく平均点をとることが重要?

第一次選抜は、7月上旬の土日で行われました。内容は、3種類の筆記試験(一般教養試験、基礎的専門試験、心理適性検査)と医学検査。

一般教養試験には時事問題が出るので、試験対策としては、時事問題の問題集をパラパラ見たり、基礎的専門試験のために、大学時代のノートを見直したりしました。

一般教養試験は90分、内容は国家公務員試験の一般教養に似ていました。基礎的専門試験が150分、これも大学のセンター試験や公務員試験の数学と科学系の問題のレベル。日本の宇宙開発に関する問題も入っていました。

心理適性検査の準備はとくにしませんでした。第一次選抜で私たちの受けた心理適性検査は、「白と黒なら、白が好きである」「山と海なら、山が好きである」「海で死ぬなら、火事で死んだほうがいい」などの質問に対して「はい」「いいえ」「どちらでもない」の3択で答える形式でした。

医学検査は、基礎体力を測るため、反復横跳びや立ち幅跳び、握力、肺活力などの体力測定のほか、身長、体重、視力、聴力、血圧などを測定。腹部超音波検査(腹部エコー)もありました。

一次試験は、バランスよく平均点をとることが重要かもしれません。

## 44 第二次選抜は人間ドック並みの医学検査と英語での面接

約2週間後の7月末、第一次選抜試験の結果が送られてきました。「第一次選抜の結果、合格となりましたのでお知らせいたします」という文面を見たときは、前回と同様、いや、もっとうれしかったですね。あとから知ったことですが、応募者総数は864名、書類選考に通った195名が第一次選抜試験を受け、合格者は54名、そのうち3名が辞退したので、51名が第二次試験に進んだそうです。

二次試験の日程は、7日間。8月末から9月中旬まで、3班に分かれて3種類の日程がありました。試験会場は筑波宇宙センターの宇宙飛行士養成棟。受験者は全員、NASDAが用意したつくば市内のホテルに泊まりました。

第二次試験で主に行われたのは、人間ドック並みの医学検査です。

検査項目は、診察（内科、外科、眼科、耳鼻咽喉科、歯科、婦人科、男性は泌尿器科）、臨床検査（血液検査、肝炎ウィルス、HIVなど感染症の検査、尿検査）、24時間中に排泄した自分の尿を瓶にためておく蓄尿検査、便検査、ツベルクリン反応、子宮細胞診など。

体の機能を調べる、運動負荷検査（「トレッドミル」というランニングマシンで走り続ける検査）、24時間の心電図、呼吸機能検査、脳波検査、X線検査、超音波検査、内視鏡検査、眼科検査（視力、色神、視野など）、耳鼻咽喉科検査（平衡機能検査など）、体力測定も。

文字どおり、頭からつま先まで、体の外から内側まで、全身くまなく調べられました。

## 英語での面接、さらに、英語の試験

医学検査のあと、一般面接が行われました。試験官から聞かれたことは、「現在の仕事と宇宙飛行士に応募した動機」などです。英語による面接もありました。英語で質問されて、英語で答えるのです。

面接では、どんなことを聞かれるのかはわからないので、緊張しました。ただ、第一次の合格通知をもらったあと、自分にできることはしておこうと思い、英語で自己紹介をする練習や1分間スピーチの練習をしていました。スピーチのテーマは、家族やいまの仕事、宇宙開発など、自分で考えたもの。それらの練習は、役に立ったと思います。

加えて、英語の試験もありました。ビデオを見せられて、その内容を英語で説明するというものでした。

このほかに心理面接や精神面接、より詳しい心理的性格検査もありました。

## 45 運命の最終選考が始まる

第二次試験に受かったかどうかは、まったくわかりませんでした。とくに医学検査は、自分ではデータが何もわからないので、このときがいちばん不安でしたね。内心、ヒヤヒヤしていました。

結果が速達書留で届いたのは、10月末です。封筒が薄かったので、「落ちたのかしら?」とドキッとしましたが、なかに合格通知と職場からの推薦書をもらう様式と、その推薦書についての説明書きの計3枚が入っていました。

最終選考である第三次選抜試験は長期にわたります。筑波宇宙センターでの試験のあと、アメリカ・テキサス州のヒューストンまで行って、NASAの宇宙飛行士の面接も受けなければなりません。

最終選考に臨むためには、まとまった日数を休まなければなりませんから、所属している職場の上司にきちんと説明をし、理解を得る必要があるのです。「宇宙飛行士選抜試験を受けると職場に説明し、了承を得ました」ということを証明するための推薦書でした。

ちなみに、博士課程に在籍している場合は、担当教授の推薦が必要になります。

## この8人のなかから2人が選ばれる

第三次試験は、11月末から始まりました。最終選考に残った受験者は8名。女性は私だけ、しかも最年少でした。募集要項には、「採用人員は2名程度」とありましたので、「このなかから2名が選ばれるのだな」と思いながら、集まったみんなの顔を見ていました。他の受験者も同じ気持ちだったのではないでしょうか。

最初の選考が、6泊7日の長期滞在適性検査です。

これは、今回の選抜試験で初めて導入されたもので、選考が始まるまで、全容はまったく知りませんでした。この年に募集されたのは、ISS（国際宇宙ステーション）に長期滞在する宇宙飛行士です。日本で初めて、長期滞在を視野に入れた宇宙飛行士を選抜するものでした。当然のことですが、ISSに滞在中は、気晴らしにどこかへ出かけることはできません。

8人の受験者は、筑波宇宙センターの宇宙飛行士養成棟にある「閉鎖環境適応訓練設備」で、他の受験者と缶詰め状態で過ごします。外には出られません。

閉鎖された環境で、複数の人間と一緒に長時間、ストレスなく過ごせるかどうかを見る試験なのです。

## 46 閉鎖環境適応訓練設備とは?

設備に入る前、改めて健康状態のチェックが入念に行われました。脈拍数と血圧を測られ、喉の奥や胸部を診察されました。閉鎖設備に入るにあたって、風邪などの感染症にかかっていないかどうかをチェックすることが目的だったと思います。

健康状態のチェックのあと、抜き打ちの尿検査があり、精神心理学的な面接も行われました。

閉鎖環境適応訓練設備は、「きぼう」の実験棟と同じ大きさで、直径約4メートル、長さ約11メートルの円筒形の棟が二つ並んで、つながっています。一つが大型バス程度の大きさ。窓はなく、外部とは隔離された密閉空間です。

円筒形の棟は、一つが実験モジュール、もう一つは居住モジュールになっています。

実験モジュールには作業台、ランニングマシンなど3台の運動用器具が置かれています。

居住モジュールには、8人が座れる椅子と大きなダイニングテーブル、ミネラルウォーターや牛乳、ジュース類が入った冷蔵庫、小さな流し台、コインロッカー、トイレとシャワー、カプセルホテルのようなベッドが設置されていました。ベッドにはカーテンがついているので、プライバシーは保たれます。

ベッドのそばには、読書灯と内線電話が設置されていました。足元には、着替えの入ったボストンバッグを置きます。私は不自由を感じませんでしたが、背の高い男性には、少々窮屈な空間だったかもしれません。

## 24時間すべての言動が監視されて

設備のなかでは、受験者たちはAからHまでのアルファベットで呼ばれます。私は「Hさん」でした。

そして24時間、すべての言動が5台のテレビモニターとマイクで監視されます。監視されないのは、トイレとシャワー中だけで、シャワータイムは1人あたり約10分。

男性と同じシャワールームを使うのは、カーネギーメロン大学付属の語学学校の寮以来です。

大学の寮と違うのは、水の勢いがないこと。宇宙空間では水が大変貴重ですし、シャワーはありません。無数の水滴が空中を漂うため、鼻や口から水滴を吸い込んで溺れてしまう危険があるからだそうです。水の勢いを弱め、不便さを模擬しているのでしょう。

選抜試験中からすでに、宇宙空間のシミュレーションが始まっていました。

## 47 長期滞在適性検査——(1)

### 一日のスケジュール

設備内では、決められた時間割どおりに行動します。

起床は午前6時、問診票の記入と体重測定等があって、7時から朝食。それが終わったら、午前中の課題に取り組みます。正午から昼食と休憩、13時から午後の課題をして、19時に夕食。その後は、個々に日記や作文を書いたり、読書をしたりして、22時に就寝、23時に消灯でした。

朝昼晩の3食とも、筑波宇宙センター内の食堂のメニューから選ぶことができました。ただし、全員が同じメニューを食べなければなりません。8人でする最初の作業は、一日の食事メニューを決めること。誰かにアレルギーがあって、食べられないものがある場合は、そのメニューをはずし、多数決などで決めていました。焼き魚を食べたときには、魚の食べ方までチェックするのかなあ、などと冗談を言い合ったことを覚えています。

選抜試験ですから、当然、閉鎖環境の中に持って入れるものは限られています。事前に渡された持ち物表に従って、1週間分の着替えや運動着、洗面用具や筆記用具などを念入りに荷造りしました。携帯電話やゲーム機、パソコンは禁止。たばこや飴なども持って入れません。私物としては、私は数冊の本を持ち込みました。テレビやラジオもないため、空き時間には本を読んだり、みんなとおしゃべりしたりして過ごしていました。

## 集まったのは、〝宇宙オタク〟

受験者の職業は、医師、会社員、研究員、大学助教授など、さまざまでした。共通しているのは、宇宙が大好きで、全員理科系であること。これは、応募要項に、「理学部、工学部、医学部、歯学部、薬学部、農学部等の自然科学系の大学を卒業していること」という条件があるからです。

皆さん、宇宙飛行士を目指すだけあって、知識が広く、しかも深い。「ライバル」として集まった8人でしたが、仲のよい友人や会社の人とはまた違う、年齢も家族構成も職業も違う仲間と宇宙の話をできたことは、とても新鮮で楽しかったです。お互いの身の上話にも引き込まれ、自然と家族みたいな親近感が湧いてきました。私は8人のなかで最年少で、妹分という感じだったでしょうか。

こうした団らんも、もちろん監視カメラとマイクで監視されているわけではありますが、監視カメラが上下左右に動いて私たちの姿を追っていることが可愛らしく、監視員さんも含めてみんなで、ちょっと息抜きの団らんをしているような感じでした。

# 48 長期滞在適性検査――(2)

## 課題の数々

閉鎖環境で行う課題は、一人で取り組む個別作業、2人で、または4人で行う作業など、いろいろありました。時間になると、スピーカーから声が聞こえてきて、タスク（仕事）が与えられるのです。

たとえば、「ワープロ練習」では、A4判の紙に脈絡のないアルファベットの文字列がタイプされていて、同じものを2時間以内に10回タイプしなければなりません。

何の絵柄もない、144ピースの真っ白のジグソーパズルを3時間以内に完成させるという課題は、意外に難しかったです。私は枠になる縁の部分から組み立てていき、あとは1ピースずつ当てはめていくという地道な作戦をとりましたが、結局、数十ピースが残ってしまいました。「これは、まずいなあ」と思って、周囲を見渡したところ、完成させた人は誰もいなかったので、少しホッとしました。

余談ですが、このジグソーパズルは「ホワイトパズル」という名前で市販化されています。私も最近購入して、長女と挑戦してみました。まず長女が縁の部分をそろえ、その後、空き時間に少しずつ2人で内側を埋めていますが、実際の試験で使ったものよりピースが小さく、難しい！　いつ完成するやら、という感じですが、いつかは完成させたいです。

以上の二つは、個人の集中力と忍耐力を見る試験だったのだろうと思います。

## 16時間でロボットを完成！

4人ずつ2チームに分かれて、レゴブロックで「ISSで使えるような意味のある動きをするロボット」をつくるという課題もありました。レゴブロックといっても、モーターやセンサー、ギア、車軸、タイヤなどの部品を組み合わせることができます。

試験官から与えられたテーマは「搭乗している宇宙飛行士たちの心をなごませるロボット」。そこで私たちのチームは、音楽を奏でながら、それに合わせてダンスをするロボットをつくることにしました。

与えられた時間は16時間。最終選考に残った8人は、私を含めて、ある種の「理系オタク」です。まずは皆でコンセプトを考え、設計図を書き、パーツパーツに分かれて組み立てを担当する。最後に動作確認をするのですが、だいたい1回目では思うように動かないので、どこがいけないかを考えて修正。この修正作業にけっこう時間がかかり、時間配分に苦労しました。

この課題には、試験であることを忘れるくらい、かなり熱中して取り組みました。

## 49 長期滞在適性検査——(3)

### 難関のディベート

楽しかったロボット製作に比べて、難しかったのがディベートです。

与えられたテーマは「青少年への有害情報を排除するためのコンピューター・ネットワーク上の規制をすべきである」「リヴィング・ウィルを法制化すべきである」。それぞれのテーマについて、肯定側と否定側が2人ずつ2チームに分かれ、司会が1人、審判が3人。2時間から3時間かけて討論しました。

肯定側になるか否定側になるかは試験官が決めるので、自分自身の意見とは異なる考えを言わなければいけない場合もあります。自分が思っていない意見を言うのは、ほんとうに難しかったです。

最初の課題では私は「肯定側」、二つ目の課題では、司会の役目を割りふられ、ディベートに臨みました。

また、ディベートは相手を言い負かせるのが目的ではなく、異なる主張をきちんと聞いて、それを受け入れたうえで、相手を納得させられるだけの理論を構築しなければなりません。普通の会話や会社の会議とも違い、ディベート特有の論理立てが必要になります。私は、大学時代にＥＳＳの合宿でディベート部門の活動を体験したことがあり、ディベートの基本は知っていたので、助かりました。

## ロボットアームの能力を見る「鏡映描写」

「鏡影描写」という試験もありました。これは、二重線で描かれた星形の線と線の隙間に鉛筆で線を描いていくものですが、自分の手元を直接見ることはできません。鏡の中の自分の手の動きを見ながら、線を描いていくのです。鏡に映る自分の手の動きは左右反対になりますから、コツをつかむまでがちょっと苦労しました。

後年、私はロボットアームの操作訓練をしましたが、ロボットアームを動かすときも、物自体を直接見ることなく、テレビモニターの画面で確認しながら、少しずつ動かしていきます。いまから思えば、「鏡影描写」は、ロボットアームの操作をするための潜在能力を調べるためのものだったのかな、と思います。

また、１日おきに、「自由に絵を描く」という課題も与えられました。私は絵を描くのが好きなので、この課題も楽しかったですが、自由にというのは戸惑いました。絵のうまさを評価しているわけではないのでしょうが、自分を表現するさまざまな方法を日頃から意識しておくとよいかもしれません。

# 50 閉鎖環境で見られた「状況把握」能力

長期滞在適性検査については、よく「大変だったでしょう?」と聞かれますが、私自身は「案外、楽しいな」と思いました。

スポーツをするわけではないのですが、運動部の合宿生活みたいな、体育会系のノリのようなものがあって、それがおもしろかったのです。お互いにライバルとして競争していたというよりも、むしろ共通の目標を持った同志として、一緒に進んでいく感じがあり、いままでに体験したことのない、その空気も好きでした。

6泊7日の間、試験官が何を重点的に見ていたのかは、正直に言ってわかりません。作業中だけではなく、休み時間も、コントロールルームにいる試験官からずっと見られていますし、音も拾われています。だから、「生活全部、一通りは見ているのだろうな」とは思っていました。

1週間も閉じられた空間に一緒にいると、他の人たちのことはだいたいわかってきます。みんな、それぞれにしっかりしているので、8人のうち誰が選ばれてもおかしくないし、誰もが選ばれる可能性があると思いました。でも、専門家なら、同じ光景を観察したとしても、何らかの〝決め手〟を見つけるのでしょう。

## 日常生活の観察から見えてくるもの

もし、私が試験官だったら、それぞれの人の日常の様子を見ます。受験者の性格も背景もバラバラですが、大事なことは、宇宙飛行士の言葉でいう「状況把握」ができているかどうか。

宇宙飛行士のミッションにおいては、リーダーシップが必要になる場面もありますし、逆に、フォロアーシップや調整型になることが求められる場合もあるので、それを見極めなければなりません。そのときどきにおいて、いまがどんな状況であるのかを正確に把握し、自分が果たすべき役割をきちんと果たしている人は、評価されると思います。日常生活とは、一瞬一瞬の状況把握の積み重ねです。だからこそ、試験官は、ふだんの生活でのちょっとしたところを見るのではないでしょうか?

状況把握の重要性は、私が宇宙飛行士になってから、ふだんの訓練でもよく言われたこと。職業上、求められる能力の一つだと思います。

## 51 NASAで宇宙飛行士による面接

1週間の長期滞在適性検査が終わってすぐ、私たち8人はアメリカ・テキサス州のヒューストンに移動しました。NASAの宇宙飛行士と、ヒューストン在住の日本人宇宙飛行士の面接を受けるためです。

それまでにも出張でNASAの敷地内に入ったことはありましたが、「ここで宇宙飛行士の訓練をするのだ」という目で眺めると、景色が新鮮というか、まったく違って見えました。また、宇宙飛行士に会うのも初めてでした。

4泊6日の日程で、面接は最終日。それまでの3日間に、若田光一宇宙飛行士の自宅での歓迎パーティ、NASA宇宙飛行士たちとの親睦パーティがあり、ジョンソン宇宙センター内の訓練施設の見学もしました。当然ながら、パーティや施設見学での言動も、さりげなく見られていたと思います。

ジョンソン宇宙センター内で、スペースシャトルのモックアップ（実物そっくりの模型）を見たときは、わくわくしました。モックアップは何種類かあり、訓練の目的に合わせ、必要な部分を強調して精巧につくってあるのです。

## 「ここで訓練を受けたい！」

当時、建設中だったＩＳＳのモックアップも見学しました。私たちは、ＩＳＳに長期滞在するために選ばれる宇宙飛行士候補。誰もが〝未来の仕事場〟で働く自分の姿を夢見たのではないでしょうか。

最終日には、４人の日本人宇宙飛行士から面接を受けました。受験者１人に対して、面接官が４人です。緊張しましたが、面接自体は終始なごやかなものでした。家族のことや仕事のこと、趣味などを聞かれました。

日本に帰国してから、人文・芸術的分野活動面接がありました。人文・芸術的分野活動面接も、長期滞在適性検査同様、この年以前の選抜試験にはなかったものです。

私たちは面接の前に与えられたテーマにそってスケッチをし、30分ほどの時間で仕上げました。

それから、宇宙船から撮影した地球の写真を見せられ、それを写真を見ていない第三者に説明するよう求められました。実際に宇宙へ行くときも、言葉だけで景色や状況を説明する必要が出てくるからです。

## 52 私が合格した理由は？

合格発表があったのは、1999年2月10日です。

前日の午後、NASDAの役員面接がありました。自己紹介や応募の動機、長期滞在適性検査など選抜試験を受けた感想を聞かれました。約15分の短い面接でした。終わったあとは、さすがに大きなため息が出ました。1年がかりの試験がやっと終わったというホッとした気持ち、そして少し寂しいような感傷的な気持ち。

その夜は、8人で銀座のイタリアンレストランに集まり、打ち上げ会をしました。すでに〝戦友〟のような連帯感で結ばれていた私たちは、「このなかから、誰が選ばれてもおかしくない。だから、宇宙飛行士になった人をみんなで応援していこう！」と誓い合いました。

その後、NASDAが指定したホテルに宿泊。発表があるまで、その部屋で待機するのです。翌日正午近くに、ホテルの部屋の電話が鳴りました。先輩の毛利衛宇宙飛行士からです。緊張している私に、毛利さんがおだやかな口調で「ゆうべはよく眠れましたか？」

「昨日の夕食は何を食べましたか?」と聞いてきました。選抜試験とはまったく関係のない話が続いたので、「落ちたのだろうか……」と心配になってきたとき、毛利さんが「ところで、合格おめでとう!」と言ってくれたのです。

突然だったので、私の頭の中は真っ白です。「あ、ありがとうございます」と、お礼を言うのが精いっぱいでした。

## 試験そのものを楽しめたのがよかった?

このとき選ばれたのは、外科医の古川聡さん、私と同じNASDA勤務の星出彰彦さん、そして、私の3人。2名の予定が、3名に増えたのです。

私がなぜ選ばれたのかは、いまでもわかりません。選抜試験中は試験を受けることだけに集中していたので、合格してからのことは予想する余裕すらありませんでした。ただ、ひょっとすると、余計なことを考えずに、選抜試験そのものを楽しめたことがよかったのかもしれないな、とは思います。閉鎖された環境で、男性たちと1週間過ごした「合宿生活」も、他のメンバーの話を聞くのが楽しかったし、親しみも湧きました。

このときの8人とは、いまでも付き合いがあります。一緒に第二次試験を受けた51人のメーリングリストも。私の打ち上げのときには何人か来てくれたり、2011年に古川さんが長期滞在したときは、交信イベントのためにみんなで集まったりしました。

# 第五章

# 宇宙飛行士候補生の訓練が始まった

## 53　ロシア語を学び始める

「国際宇宙ステーション（ＩＳＳ）長期滞在宇宙飛行士」の候補者に選ばれた私たち３人は、新聞やテレビ等で大きく報道され、対外的には有名になりました。

でも、私の生活の場自体は、とくに変わりませんでした。

宇宙飛行士候補者になると、他の企業などで働いていた人はそこを退職し、ＮＡＳＤＡ（宇宙開発事業団）の職員として採用されます。しかし、私はすでにＮＡＳＤＡの職員でしたので、所属していた開発部門から宇宙飛行士が所属する部署に異動という形になりました。

開発部門の方々は、私が宇宙飛行士候補者に選ばれたことをわがことのように喜んでくださり、立派な送別会を開いて送り出してくれました。

訓練が始まったのは、４月。しかし、３名が選ばれたものの、訓練の予算は当初予定していた2名分しか確保されていません。そのため、最年少で、しかもＮＡＳＤＡの職員である私はいったん「お留守番」に……。筑波宇宙センターでの講義や基礎体力訓練などは、古川聡さん、星出彰彦さんと一緒に行いましたが、ロシアでの水上サバイバル訓練など海外で行う訓練は、次年度の予算が確保されるまで、待機しなければなりません。

## 「出戻り」の留守番生活

待機中は、元の所属である開発部門に戻って働くことに。皆さん温かく迎えてくれましたが、盛大に送り出された直後に「出戻り」になってしまい、忸怩たる思いがありました。でも、気持ちを切り替えて、待機期間中はロシア語を勉強することにしました。

ISSの公用語は英語です。ただ、地上からISSへ移動する手段としては、アメリカのスペースシャトルとロシアのソユーズと、二つの選択肢があります。

ソユーズは1~3人乗りの有人宇宙機で、1960年代後半から使われ続けています。操縦手順書は英語とロシア語が併記されていますが、ソユーズのなかについている操縦パネルはすべてロシア語。また、ISS滞在中も、ロシア人の宇宙飛行士はロシア語を話すので、彼らとのコミュニケーションを密にするためにも、ロシア語をしっかり勉強しておいたほうがいいと考えたのです。

後述しますが、予想外の事故により、この時点ではまったく視野になかったソユーズの運航資格も取ることになったため、ロシア語の勉強を早めに始めたことは、とても役に立ちました。

# 54
# 部屋中にロシア語の付箋を貼って

ロシア語の勉強は、教科書を中心にして行いました。

ロシア語は難しい言語です。英語のアルファベットの数が26に対して、ロシア語は33。それ以上に難しいのが文法です。フランス語やイタリア語など多くのヨーロッパの言語と同じく、ロシア語の名詞にも、女性名詞と男性名詞、そして中性名詞があります。複数形にするとき、英語は基本的に「s」をつけるだけですが、ロシア語では名詞の語尾が変化し、アクセントの位置も移動することが多いのです。

名詞だけでなく、動詞の活用も現在・過去・未来の時制によって、複雑に変化します。そのうえ、完了形と不完了形という2種類の動詞が存在します。最初のうちは、「ロシアの人たちは、よくこんな言葉を話しているなあ」と、ため息が出ました。

でも、とにかく覚えなければなりません。私は、アパートの部屋にロシア語のアルファベットの表を貼り付け、部屋の中のあらゆる物に、ロシア語の付箋を貼り付けました。本は「книга（クニーガ）」、玄関口は「подъезд（パドィエート）」、ナイフは

「нож（ノーシ）」、絵は「рисунок（リスノーク）」といった具合です。それらを毎日目にすることによって、少しでもロシア語になじもうと考えたのです。

## これからの宇宙飛行士は中国語が必要？

ロシア語は、筑波宇宙センターに来てくれたロシア語の先生に習ったほか、ソユーズの訓練のためにロシアに渡ってからも、毎日みっちり2時間以上勉強しました。そのおかげで、学び始めてから4年後には、何とか話せるようになりました。

ただ、文法さえ覚えてしまえば、ロシア語の発音は、英語より簡単かもしれません。英語はスペルどおりの発音ではないこともけっこう多いのですが、ロシア語では文字さえ覚えれば、だいたい発音できます。

現在、中国は有人宇宙飛行計画にとても熱心です。

2008年12月には、中国有人宇宙飛行プロジェクトの張建啓副総指揮者が「中国は、2020年までに有人宇宙ステーションを整備する」と発言しました。将来は、中国人の宇宙飛行士とコミュニケーションするために、中国語の勉強が必要になるかもしれませんね。

これから宇宙飛行士を目指す人たちは、英語はもちろん、他の語学の勉強もしっかりしておくとよいと思います。

## 55 「初の国産宇宙飛行士」の意味

私たち３人は、それまでに選ばれた宇宙飛行士たちとは任務が異なります。

ＮＡＳＤＡ初の宇宙飛行士が選ばれたのは、１９８５年。

毛利衛、向井千秋、土井隆雄各宇宙飛行士の３人の任務は、アメリカのスペースシャトル内で実験を専門的に行う「ペイロードスペシャリスト（搭乗科学技術者）」でした。

毛利、土井両氏は研究者、向井さんは外科医出身です。

92年に選ばれた若田光一宇宙飛行士と、96年に選ばれた野口聡一宇宙飛行士は、スペースシャトルの運航やロボットアームの操作、船外活動を行う「ミッションスペシャリスト（搭乗運用技術者）」として、訓練を始めました。

若田さんは、日本航空の整備訓練部の技術者、野口さんは石川島播磨重工業（現・ＩＨＩ）において、航空技術者として超高速旅客機のエンジン開発に従事していました。なお、毛利、土井両宇宙飛行士は、後にミッションスペシャリストの資格を取得しました。

## 自国で訓練が可能に

5人はいずれも、スペースシャトルに搭乗するための宇宙飛行士です。そのため、候補者として選ばれると、訓練のため、すぐにヒューストンにあるNASAに派遣されました。

一方、私たち3人は、ISSが完成したときに長期滞在するための宇宙飛行士として選ばれました。ISSの往復に、スペースシャトル、またはロシアのソユーズ宇宙船のどちらを利用するかは決まっていませんでした。

88年、ISSの国際間協定が結ばれ開発が始まりました。参加国は、アメリカ、カナダ、欧州各国、そして日本。後にロシアが加わりました。それらの国々は、ISSに搭乗する宇宙飛行士を養成する基礎訓練を自前で行うことが認められました。ただし、宇宙飛行士の質をそろえるために、基礎訓練のカリキュラムは国際間共通のガイドラインがあります。

そのガイドラインに基づき、日本で初めて本格的に宇宙飛行士を訓練・養成しようとなり、初の基礎訓練開校式が1999年4月、日本の筑波宇宙センターで行われました。必要に応じて、NASAやロシアにある訓練施設も利用しつつ、日本が責任をもって私たち3人の候補者を育てることになったのです。私たちが当初、「初の国産宇宙飛行士」と呼ばれた理由はここにあります。

後に、予想外の事故で、「国産宇宙飛行士」は軌道修正となるのですが……。

## 56 基礎工学からサバイバル技術まで

ＩＳＳ搭乗宇宙飛行士の基礎訓練期間は、約2年。訓練科目数は、座学を含めて230。総基礎訓練時間は約１６００時間です。この訓練をすべて終えて、ようやく宇宙飛行士として正式に認定されるのです。

訓練内容はおおまかに分けて以下の４つ。

1　宇宙飛行士として必要な工学や、スペースシャトルなど宇宙機の概要を学ぶ。

内容は、世界と日本の宇宙開発の現状、航空宇宙工学概論などの基礎工学が中心。星出彰彦さんと私はエンジニアですが、消化器外科医の古川聡さんは機械系のことをイチから覚えるのは大変だったと思います。ただ、大事なことは、知識の有無より、訓練を通して新しい知識を身につけていく力があるかどうか。古川さんは意欲的で、いつも感心していました。

2　軌道上で実施する宇宙実験に必要なサイエンス関連の知識を学ぶ。

3　軌道上で実際に操作を行うISS／「きぼう」のシステムの概要と運用を学ぶ。
4　宇宙飛行士に必要なスキル（技術）を身につける。
必要なスキルとは、一般サバイバル技術、飛行機操縦、スキューバダイビング、英語とロシア語の語学など。体力の維持向上を目的とした基礎能力訓練も行います。

## 基礎体力と持久力は不可欠

宇宙飛行士候補者には、定期的な運動が義務づけられています。私も候補者に選ばれてからは、スポーツジムに通って、泳いだり、走ったり、筋肉トレーニングをしたりしていました。

宇宙飛行士は、特別優れた運動神経はなくてもいいのですが、体力勝負という面がありますから、基礎体力や持久力は必要になります。

ISSに行く手段として、スペースシャトル、ソユーズの両方の可能性があるため、ISSの公用語である英語は当然として、ロシア語も、英語と同じ200時間の訓練を受ける必要がありました。

宇宙飛行士にとって、語学は必要不可欠です。相手が何を言っているのかを正確に聞き取り、瞬時に判断できないと、ミッションの成否に関わるだけでなく、自分を含めた乗組員全員の生命を危険にさらしてしまう可能性があるからです。

## 57 極寒の雪原でサバイバル訓練

基礎訓練のなかでも、「あれはきつかったなあ」と思い出すのが、ロシアの雪原で行われた陸上サバイバル訓練です。

これは、ＩＳＳからソユーズで地上に帰還することを想定した訓練でした。

ソユーズはカプセル型の有人宇宙船です。宇宙飛行士が、地上とＩＳＳとの間を往復する際に使用されるほか、急病にかかったときやＩＳＳで事故が発生した場合、ＩＳＳからの緊急脱出用としても使用されます。

地球に帰還するときは、パラシュートを開いて減速し、衝撃をやわらげるため、カプセルの下部にある小型エンジンを逆噴射しながら、着陸します。

ソユーズの発射も帰還も、カザフスタン共和国で行われます。しかし、飛行機のように滑走路に着陸できるスペースシャトルとは異なり、着陸地点がずれて、海上に落下したり、未開地や僻地に降りてしまう可能性があるのです。そのときは、救援隊が到着するまで、クルーだけで何とか生き延びなければなりません。

生き延びるための訓練が、陸上サバイバル訓練と水上サバイバル訓練なのです。

## 体感温度はマイナス30度！

陸上サバイバル訓練は、真冬のロシアで行われました。

ソユーズは3人まで搭乗することができますので、ロシア人宇宙飛行士、古川聡さん、そして私がチームを組みました。

宇宙服を着た私たちはトラックに乗せられ、モスクワから北へ数時間移動したあと、極寒の原野に降ろされました。周囲は見渡す限りの雪原と雑木林。人家などはもちろん、ありません。

そこに、実物大模型のソユーズの帰還カプセルと、訓練を受ける3人だけが残され、ロシア人と日本人スタッフは監視小屋へと去っていきました。これからの2泊3日、スタッフは交代で、私たち3人の様子をチェックするのです。

ソユーズには、わずかな食糧と水、斧、防寒着が常備されています。私たちはまず、宇宙服から防寒着に着替えました。

温度計はマイナス20度を指していましたが、強風が吹いていたので、体感温度はマイナス30度くらいにはなっていたと思います。

初めて体感する気温でした。

## 58 大切なのは「生き抜こう」とする意志

着替えのあと、斧で木の枝を切り、パラシュートの布も用いて風よけのシェルターをつくり、火を起こします。斧を持って雑木林に行き、交代で斧を振るいました。救援隊が私たちを発見できるよう、救助の目印もつくります。日中は体を動かす作業が続くので、氷点下にもかかわらず、うっすらと汗をかくくらいでした。

きつかったのは、日が暮れてから。夕方4時には辺りが暗くなり、気温はどんどん下がっていきます。訓練の日程は2泊3日ですが、実際の緊急時にはいつ救援隊が来るかわかりません。そのため、1日目は水しか飲んではいけないことになっています。

夜は、交代で昼間に設営した風よけのシェルターに入って、雪の上に敷いた薄いシートの上に横になります。しかし、あまりの寒さに、寝られそうにありません。そこで、私は一晩中、火を絶やさないようにする火の番をかって出ました。2人は恐縮していましたが、たき火のそばにいて夜明かしをするほうが楽だったのです。たき火の番をしながら、1時間ごとに監視小屋にいるスタッフに無線で信号を送りました。

周囲は漆黒の闇。ときどき、小動物か鳥の鳴き声が聞こえてきます。午前9時ごろ、ようやく太陽がのぼってきたときには、ホッとしました。

## Tシャツ1枚になってトイレ

いちばん困ったのがトイレです。防寒着は上下がつながった「つなぎ」なので、女性の私は全部脱いで、下着のTシャツ1枚にならないと用が足せないのです。あのときだけは、ジッパーを開けるだけで用を足せる男性がうらやましかった。回数を少なくするため、水分摂取は極力控えました。

長かった3日間の最後、私たち3人は互いの体をロープで結んで、凍った湖の上を歩いて、監視小屋へと移動しました。

スタッフが私たちを拍手で迎えてくれました。

サバイバル訓練でいちばん大切なのは、「生き抜こう」という気持ちだそうです。諦めた途端、死が迫ってくるからです。生命を維持するという最低限のことが困難になる極限の状況下、「生き抜こう」という意志を保つのは容易なことではありません。

私は何をよりどころにして、「生き抜こう」という気持ちを保ち続けるのか。深く考えさせられた陸上サバイバル訓練でした。

## 59　黒海での水上サバイバル訓練

夏には、今度はソユーズの帰還カプセルが海上に落下した場合を想定した訓練に参加しました。場所はロシア西部、トルコに面した黒海の海上です。訓練を受けるのは、ロシア人とベルギー人の男性宇宙飛行士、そして私の3人でした。

宇宙服を着た私たちは、輸送ボートでソユーズの帰還カプセルが浮かぶ海上のポイントに移動。3人でカプセルに入り込み、常備されている防水服に着替えます。それから脱出用のハッチを通って、およそ2メートル下の海面に飛び降ります。そして、遭難信号を打ち上げ、救援隊が来るまで浮かんで待ちます。

海上に不時着したあと、カプセル内で火災が発生した場合などは、防水服に着替える余裕はありません。そこで、重さ約10キログラムの宇宙服を着たまま、カプセルを脱出し、海に飛び込む訓練も合わせて行いました。宇宙服のまま飛び込むとすぐに沈んでしまうため、特殊な浮き輪を装着。海に飛び込むと同時に、浮き輪を膨らませる紐を引っ張ります。

## アクシデント発生、ボートが転覆！

訓練では、船長役を務めた男性宇宙飛行士の浮き輪が膨らまず、海面に飛び降りた直後に沈んでしまうというアクシデントが起きました。私ともう一人はカプセルのなかにいたため、その様子を見ていないのですが、教官やスタッフは海に沈んでいく姿を見て、自分たちの目が信じられなかったそうです。幸いなことに訓練でしたから、海中で待機していたダイバーが、沈んでいく宇宙飛行士を引っ張り上げて救出、事なきを得ました。

訓練を終え、輸送ボートで黒海沿岸にある拠点に戻る予定だった最終日。海上は強風で大荒れで、第1陣として出発したボートが、横波を受けて転覆してしまいました。

第2陣として待機していた私たち訓練生とスタッフは、大波で激しく揺れる母船で一泊するはめに……。母船には最低限の非常食と水しか積んでいません。「明日は帰れるのだろうか？」と不安な気持ちでいると、ロシア人スタッフが私をスタッフ待合室に呼んでくれました。

そこにあったのは、パンと塩と塩漬けの魚、そして度数の高いウォッカ。私は思わず、「スパシーバ！（ありがとう）」と叫んでいました。ウォッカを一口飲むと、すぐにおなかにしみわたり、体を温めてくれました。

あのときのウォッカの味は忘れられません。

# 第六章

# 夢への道が見えなくなった日々

## 60 ガッツポーズで宇宙飛行士に正式認定

黒海での水上サバイバル訓練を終え、基礎訓練が終了しました。

2001年9月26日、私は国際宇宙ステーション（ISS）搭乗宇宙飛行士として、正式に認定されました。

NASDA（宇宙開発事業団）の宇宙飛行士としては8人目、女性としては、向井千秋宇宙飛行士に次いで2人目でした。

同期の古川さんと星出さんは、1月に正式認定されていましたので、記者会見は一人で行いました。

「この認定を新たなステップとしてがんばりたいと思います。ISSでの長期にわたる滞在のなかで、宇宙をもっと身近な場所にできるような宇宙飛行士になりたいと思います」

そんなふうに抱負を語りました。最初に「留守番」となったこともあり、約2年半の訓練期間でした。

すべて無事に終了し、正式に認定されたのがとてもうれしくて、記者会見中に思わず、

「がんばります」とガッツポーズをしたのを思い出します。

宇宙飛行士に正式に認定されると、次に「アドバンスト訓練」を受けることになります。アドバンスト訓練は、ISSのシステム操作に関わる運用訓練です。訓練期間として1年半から2年を予定していますが、実質的な訓練期間は1年程度。訓練の合間に、日本の実験棟「きぼう」の開発支援業務などを行います。

「アドバンスト訓練」終了後は、訓練で得た技術を維持する訓練（技量維持向上訓練）を受けながら、ISSに行くための打ち上げクルーに選ばれるのを待つ、という予定だったのです。

## ヒューストン滞在が縁で結婚

宇宙飛行士として正式認定される前の年の12月、私は、ロケットや人工衛星の制御ソフトなどをつくる民間企業に勤務していた山崎大地《たいち》と結婚しました。

2000年夏、私がテキサス州・ヒューストンのジョンソン宇宙センターで基礎訓練を受けていたとき、彼も日本の「きぼう」初代地上運用管制官候補者として、訓練のために長期出張していたことが縁でした。古いミニの車を愛用し、自分で組み立ててしまうところ、仕事にも人にも真摯なところなどから、多くの学びをえることができ、形にとらわれない家族を目指していきたいと思いました。

# 61 妊娠・出産のタイミング

宇宙飛行士になることと家族を持つこと。私の人生では、その両方が重要で、切り離せないものでした。

宇宙飛行士選抜試験の面接で、私は試験官から「将来の家族設計はどう考えていますか?」と聞かれました。そのとき、「将来、子どもはほしいと思っています。子どもを背負いながら、訓練を続けていきます」と即答したくらいです。

NASA(アメリカ航空宇宙局)には40人ほどの女性宇宙飛行士がいますが、そのうち十数人が出産を経験しています。搭乗メンバーを決める際も、子どもがいることはハンディにはなりません。妊娠中の訓練内容は、基準に従いながら医師と相談して決めます。

アメリカでは、女性は出産後、すぐに仕事に復帰する人が多いので、NASAには託児所もあります。

夫も、早く子どもを持つことを望んでいましたが、問題は、妊娠・出産のタイミングでした。

## 出産6週間前まで訓練を継続

宇宙飛行士が訓練中に大きな病気などにかかると、一時的に「医学上の問題で不適格」となります。訓練は続けられますし、回復すれば再び資格が与えられますが、その間、宇宙飛行はできないと言いわたされるのです。そこまで大きな病気でなくても、風邪を引いて訓練を休んだりすると、関係する人すべてに迷惑をかけてしまいます。

私は、手洗いとうがいはもちろんのこと、疲れを感じたら早めに休むなど、風邪を引かないよう、体調管理を心がけていました。もちろん、妊娠は病気ではありません。でも、妊娠中は宇宙飛行が禁じられるという意味では、「医学上の問題で不適格」なのです。

また、体を酷使するサバイバル訓練や船外活動訓練が控えているときに妊娠すると、訓練のスケジュールが変わり、多くの人たちに迷惑がかかります。そこで、訓練スケジュールと宇宙飛行計画、両方を見極めて、妊娠の計画を立てなければ、と考えました。

宇宙飛行士に正式認定されたあとの「アドバンスト訓練」は、体を酷使することの多い基礎訓練とは違って、座学が増えます。体への負担も減ります。ですから、「基礎訓練終了後、宇宙行きが決まるまでの間に妊娠できたらいいな」と考えていました。

そして、ありがたいことに、そのタイミングで妊娠することができ、妊娠後も体に負担をかけない訓練を中心に、出産の6週間前に産前休暇を取得するまで訓練を続けました。

## 62 「死」を考えたコロンビア号事故

2002年8月、夫立ち会いのもと、私は長女の優希を出産しました。出産の瞬間はとても感動的で、「生まれてきてくれて、ありがとう。ほんとうに、ほんとうにありがとう」と、胸がいっぱいになりました。

2ヵ月の産後休暇をとり、訓練を再開するため、いったん職場に復帰しました。その間は、夫が3ヵ月の育児休暇をとってくれました。そのあとは、夫の仕事が忙しくなる時期だったので、私が交代で3ヵ月の育児休暇をとって、子育てに専念しました。

育休中の2003年2月1日（現地時間）、大変な事故が起きました。NASAのスペースシャトル「コロンビア号」が、ミッションを終えた帰還飛行中にテキサス州上空で空中分解し、7名のクルー（搭乗員）全員が死亡してしまったのです。

私の受けた衝撃は、1986年の「チャレンジャー号」の事故のときとは大きく違っていました。コロンビア号に搭乗していた7人は訓練でも会ったことがあり、クルーの一人、軍医のローレル・クラーク大佐は5歳の男の子の母親でした。私も娘が生まれたばかりでしたので、「遺された子どもはどうなるのだろう?」と思い、胸が苦しくなりました。

## あなたたちの夢を引き継いでいきます

訓練を重ねていると、自分が事故に遭って死ぬのは怖くなくなります。というのも、訓練の9割は、非常時を想定したものですから。

たとえば、機器の一つが壊れたら、どう対処するか? その方法がうまく行かなかったら、次にどうするのか? 何が起きても、瞬間、瞬間で判断して、最善を尽くせるように、訓練を重ねていくのです。恐怖を感じている暇はない、といったほうが正確かもしれません。

でも、自分が死んだあとのことを考えると、不安というのか、「怖いな」と思いました。事故が起きることの現実味が増し、「他人事ではない」と痛感しました。

NASAでの追悼式に出席するため、生後5ヵ月の優希を両親に預け、夫とともにヒューストンに飛びました。7人のクルーの家族やNASAの関係者と悲しみを分かち合いたかったのです。

7人のクルーの冥福を祈りながら、「地球の未来のために可能性を切り開くという、あなたたちの夢を引き継いでいきます」と心に誓いました。

## 63 いま、できることをやるしかない

事故のショックが収まるにしたがって、「これから、どうなるのだろう？」と、考えるようになりました。古川さんや星出さんとも「どうなるんだろうね……」と話していました。

育児休暇を終え、職場に完全復帰したのは、4月。生後8ヵ月弱の娘は保育園に通い出しました。

夫と協力しながら、早起きして娘を保育園へ送っていき、訓練を終えて迎えに行くのは、閉園ぎりぎりの午後7時半ごろになります。片手に娘を抱き、もう片手には買い物袋を持って家路を急ぐ毎日。そのうち、上腕に〝抱っこ筋〟がついてきて、「子育ても訓練のうちだな」と思いました。

当初、私たち3人が行っていた「アドバンスト訓練」は、数年後の搭乗を目指したものでした。しかし、コロンビア号の事故後、NASAは空中分解事故の原因究明に全力を注

ぐことになり、スペースシャトルはしばらく飛ばない、という決定がなされました。

スペースシャトルが飛ばないと、日本の実験棟「きぼう」を含むＩＳＳの建設が遅れます。ＩＳＳを仕事場とする私たちの搭乗も、予定より遅れるでしょう。実際、野口聡一宇宙飛行士は、２００3年3月に初フライトを予定していましたが、打ち上げは「一時保留」となりました。いつ再開するかもわかりません。

## 「どんなことがあっても、やり遂げられるのか？」

ここにきて、「宇宙に行く」というゴールが見えなくなったのです。どこかにゴールがあればいいけれど、もしかしたら、ゴールは存在しないかもしれない。将来がまったくわからない状態になってしまいました。

そのときに私が思ったのは、「とりあえず、いまできることをやるしかない」です。それで、日々の訓練を黙々と重ねました。

将来が見えなくなったことを、どう乗り越えるか、今後、どのような道を選ぶかは、それぞれの選択にまかされました。

結果として、日本人宇宙飛行士で「やめる」という選択をした人はいませんでした。しかし、それぞれが真剣に今後の進路を考えたと思います。私自身も「どんなことがあっても、やり遂げられるのか？」と、何度も自分に問いかける日々が続きました。

## 64 シンプルな思い「宇宙が好き」を支えにして

やめない選択をした理由の一つとして、数多くの人たちのなかから宇宙飛行士に選ばれた使命感と責任感もあったでしょう。でも、鍵となったのは、もっと素朴な気持ちです。「どうしても、宇宙に行きたいのか?」「何があっても、やり遂げたいのか?」……そういった質問を自分自身に何度も問いかけ、それに対して、やっぱり「イエス」となる。「宇宙が好き、だから、行ってみたい」というシンプルな思いが、最終的には不安を乗り越える力となり、自分を支えてくれました。

ゴールがあるかどうかもわからないなか、それでも宇宙を目指すという状況において、責任感は重要ですが、それだけだとストレスがたまっていってしまいます。

いま振り返って、いちばん大事なことは、訓練を楽しめるかどうか、のように思います。ゴールに到達できれば万々歳だけれども、もし行けなかったとしても、一つひとつの訓練を「楽しい」と思えれば、大きなストレスにはならないからです。

私はエンジニアでしたので、宇宙船のことを学べるというのは喜びでした。大学でいえば、とりたくてたまらない講義をとっているような感じです。宇宙船のことを学べるだけで幸せを感じましたし、対極にあるサバイバル訓練でも、「こういうことをするんだ」という発見がありました。

それでも、ときにはつらくなったりしましたし、ふと、「私は何をやっているのだろう?」と落ち込むこともありました。でも、仕事帰りに夜空を見上げて、きれいな星が見えると、心が洗われ、初心に帰れたのです。

それに、ISSは地上からも見えるのです。日本の上空を通るとき、天候などの条件がそろえば、日の出前と日没後の2時間ほどの間に肉眼でも見ることができます。それは、一等星よりも明るい光がスーッと移動していく感じです。この光が「がんばろう」という勇気をくれました。

## ゴールが見えなくなってしまったら

何か予想外の事態が起こり、自分の目指していたゴールが見えなくなってしまうことがあるかもしれません。そんなときは、自分のなかにあるいちばん素朴な気持ちを思い出してみてください。そして、結果よりも、夢へ近づく過程を大事に、いま目の前にあることのなかに楽しさやおもしろさを見つけてみてください。

## 65 0歳の娘を置いてロシアへ、という決断

2003年7月、訓練のため、ロシアに行くことになりました。

「コロンビア号」の事故によってスペースシャトルが飛ばなくなり、いつ宇宙に行けるかがまったくわからなくなってしまったため、古川さん、星出さんと私の3人は急遽、予定にはなかった、ソユーズの運航資格を取ることになったのです。

まだ生後11ヵ月だった娘を日本において、合計7ヵ月もロシアに行くことにはためらいもあったし、心が痛みました。しかし、「ロシアに行かない」という選択肢はとれませんでした。宇宙飛行士としての仕事はきちんとしたかったし、大変なときだからこそ、任務を全うすることで、日本の宇宙開発計画を支えようと思ったからです。

私は、夫の「大丈夫、優希のことはまかせてくれ」という言葉に後押しされ、ロシアに向かいました。その間、夫は、娘と2人の「父子家庭」になったばかりでなく、自分の仕事、さらには年老いた両親の介護と、大変な苦労を強いられたのです。

私のほうは、モスクワの北東、シチョルコヴォにある「ガガーリン宇宙飛行士訓練センター」で、ソユーズのフライトエンジニアの資格を取るために、合計825時間の座学と実習を受けていました。

座学では、ロシア語とソユーズのシステムについて学び、実習では、ロシアの宇宙服や与圧服の着脱、ソユーズの操縦訓練、遠心加速機訓練、無重力に近い状態をつくり出せる水中での船外活動訓練を受けました。

## 人生における優先順位を問われながら

宇宙飛行士としていちばん大変なことは何か、とよく聞かれます。おそらく、「宇宙にいつ行くのか見通しがつかないこと」ではないでしょうか。いつゴールが来ても大丈夫なように訓練し続けるしかない。先が見えない霧のなかで、マラソンを走り続けているような気分でした。

そして、家族という存在がありながら、長い長いマラソンを走り続ける道のりは、人生で何が大事か、優先順位をつけることの連続です。私のなかで、大きな決断を下さなければならないときが何度かありました。結婚・出産のとき、そして、この、ロシアへの長期出張のとき。後のアメリカ派遣のとき。優先順位の答えは一つではなく、マニュアルもありません。その都度その都度、状況によって判断するしかないのです。

## 66 日本人初・ソユーズのフライトエンジニアに

ロシアでの訓練は、3回に分けて、合計7ヵ月間に及びました。2003年秋、私はいったんロシアから帰国したものの、翌年1月には訓練のため、再びロシアに派遣されました。

そのころ、義父の容態が悪化し、冬を越せるかどうか難しくなりました。義父のこと、多くを一人でかかえている夫のこと、たくさんの心配をかかえながら、ロシアに旅立ちました。個人の都合で訓練計画を変えるわけにはいかないのです。

訓練には、教官やスタッフをはじめ、さまざまな人々が関わります。自分の都合で抜けてしまうと、関係者に多大な迷惑がかかってしまいます。だからこそ、宇宙飛行士は、訓練に穴をあけないよう、常に体調管理が求められるのです。訓練を、他の人に代わってもらうこともできません。

前項で、「人生の優先順位をつけることの連続」と書きましたが、このときもまさに優先順位を問われ、仕事と家庭の板挟みになり、悩み抜きました。結局、ロシアでの訓練中に義父の訃報を受けました。周囲の協力があり、訓練日程を数日だけ繰り上げて一時帰国する目処が立ち、お葬式には参列することができましたが、もう少し、事前に夫の苦労を分かち合えていたらと思いました。訓練はもちろん大事ですが、気持ちのうえでは、家族の思いに共感しないといけないと反省しました。

## ロシアの次は、NASAの訓練へ

2004年5月、古川さん、星出さん、そして私の3人は、日本人として初めて、ソユーズTMA宇宙船のフライトエンジニアの資格を取得しました。

しかし、ロシアから帰国したわずか10日後、今度はスペースシャトルのミッションスペシャリストの資格を取るため、渡米することになりました。

NASAでの訓練期間は、最低2年。もっと長くなる可能性が高いでしょう。

アメリカでは今度は私が娘の世話をしようと覚悟はしましたが、そうなると、別居というまた別の負担を夫にも娘にも強いてしまいます。悩んだうえ、夫は「一人親家庭は大変だし、家族はみんな一緒にいたほうがいい」と言い、苦渋の決断で会社を退職して、家族3人でヒューストンに移ることができたのです。

## 67　ヒューストンでの生活

ヒューストンは広大な土地をもち、見渡す限り地平線が広がっています。クリアレイクという湖畔にNASAの敷地があり、通勤途中にその湖畔を見渡せるのが、晴れた日にはいい気分転換でした。

渡米してから、まずは、アパート探し、そして、2歳になる長女の保育園探し。せっかくなので、家族が皆気持ちよく生活できるようにしたいと思い、週末ごとに、アパートを見て回り、保育園についても、いくつも見学しました。

業務が忙しくても、誰かが代わって日常生活を整えてくれるわけではありません。海外勤務には、異国の地で、生活を組み立てていくタフさも大切です。

知人からアドバイスももらって決めた保育園は、朝6時半から子どもを預かってくれるうえ、朝ご飯、昼ご飯、おやつまで出してくれ、至れり尽くせり。働く母親としては、とても助かりました。そのほかにも、いろいろな国から来た子どもが多いことから、とても国際的な雰囲気だった点も気に入っていました。

## 泣く娘を置いて訓練へ出かける日も

NASAでの訓練の時間は、基本的に1日8時間、週休2日。午前8時から午後5時までが多かったのですが、設備の関係もあるので、午前7時から始まることもありました。娘の優希はまだ2歳。日本語もままならないのに、まして英語などまったく理解できません。しかも、慣れない環境で、親と離れて長時間を過ごさなければならないのです。保育園に通い始めのころは、毎朝泣いていましたし、保育園に着いても、ぐずって別れたがらない日もありました。

そんなときは、彼女の気持ちが落ち着くまで一緒に遊びました。そのために、朝はいつも1時間程度の余裕をもって、行動するようにしていました。

それでも、泣く娘を置いていかなければならないときもあります。そんなときは、保育園の先生方が娘をしっかりと抱いて、「まかせて、大丈夫よ！」と言って、私を訓練へと送り出してくれました。先生方には、感謝の気持ちでいっぱいです。

働く女性が増えた現代、父親、母親ともに安心して働き、育児をするには、保育園の整備と柔軟な社会が不可欠だと感じます。ヒューストンでも、私に出張があったり、夫も日本との行き来があったりで、それぞれの一人親家庭の期間がありましたが、いろいろな人に助けられました。

# 68 スペースシャトルの訓練に挑む

2004年夏、NASAでミッションスペシャリストの訓練が開始されたとき、まだスペースシャトルの飛行再開は決まっていませんでした。事故後、スペースシャトルの早期引退も盛んに議論されるようになりました。

訓練の前、訓練を受ける私たち訓練生は、当時のNASAの宇宙飛行士室長に一人ひとり呼ばれて、こう質問されました。

「あなたたちはおそらくスペースシャトルでは飛ばないだろう。宇宙に行くという保証もありません。それでも訓練を受けますか?」

もちろん、皆「やります」と返事をして訓練に参加しました。

当時、「スペースシャトルの訓練は必要ない」と主張した上官も多かったようです。でも、宇宙飛行士室長が「これから先のことはわからない。スペースシャトルが速やかに飛行を再開するかもしれない。それに、たとえ飛ぶことができなくても、スペースシャトルの訓練は、基本的なスキルとして役立つだろう」と、強硬に主張してくれたそうです。

結果として、私は2010年春、スペースシャトルに搭乗する最後の日本人宇宙飛行士として、宇宙へ行くことができました。ほんとうにラッキーだったと思います。

## 「スペースシャトルでは飛ばない」にショックを受けながら

訓練生は、古川さんと星出さん、私の日本人宇宙飛行士3人と、NASAのアメリカ人宇宙飛行士が11人。計14人で学びました。

スペースシャトルの訓練では、いろいろな教官が教えてくれました。

教官のなかにはスペースシャトルの搭乗経験のある先輩宇宙飛行士もいて、「あなたたちはスペースシャトルでは飛ばないけれど、一応、訓練の科目にあるから、教えておきますね」などと言います。14人はそれを聞いて、ガーンとショックを受けるわけです。

それでも、一生懸命に訓練をしました。「この訓練はきっと、どこかで役に立つ。実際にスペースシャトルで飛ぶか飛ばないかはともかく、考え方として学ぶことに意味があるのだ」と、自分に言い聞かせながら……。

ただ、そういう意地悪なことを言う先輩に限って、実はとても親切で、手取り足取り教えてくれるのです。そういう状況で、教官のひと言ひと言に一喜一憂しながら、がんばる日々でした。

経験上、目の前に用意された道に無駄なことなどないのかな、と思っています。

## 69 大好きだったT－38ジェット練習機の飛行訓練

ＮＡＳＡでは、宇宙飛行士候補者の訓練は、通称、アスキャン（ＡＳＣＡＮ：Astronaut Candidate）訓練と呼ばれます。将来、スペースシャトルの船長、パイロット及びミッションスペシャリストになる人、そしてＩＳＳに長期滞在する人が参加します。

そのなかで大きな割合を占めるのが、Ｔ－38ジェット機での飛行訓練。最初の２年間は年に100時間、それ以降は48時間の飛行が義務づけられています。出発前の機体チェックも含め、ほぼ半日がかりの訓練です。

Ｔ－38は２人乗りのジェット練習機です。前の席にパイロットが、後部座席に訓練生が座り、どちらからも操縦できます。

訓練の目的は、状況判断とマルチタスクの達成。ミスをおかしたら墜落してしまうというストレス下で、パイロットと訓練生が無線でコミュニケーションをとりながら、地上と交信をしつつ、常に計器類をチェックし、操縦。複数の課題を同時にこなす（マルチタスク）ことで、その場の状況を瞬時に判断し、対応できる自分にしていくのです。

この訓練は常に危険が伴うため、開始前には、緊急時の脱出訓練が行われ、「ここまでやるのか」と驚いたものです。

## 水中のヘリコプターから脱出

飛行中にエンジントラブルが起きるなどしたら、脱出しなければなりません。その場合、シート部分をジェット機本体から射出し、パラシュートで地上に降下。しかし、飛行経路によっては、海に不時着してしまう可能性もあります。

緊急脱出訓練は、海上に不時着した宇宙飛行士をヘリコプターが救助したものの、天候悪化のため、ヘリコプターも海に墜落した、という想定。水中に沈んだ機体は、羽根がついているローター部が重いので上下逆さまになります。真っ逆さまに沈んだヘリコプターから脱出しなければなりません。夜間を想定しているため、訓練生は目隠しをします。

最初の訓練では、脱出する窓の位置がわからなくなり、水中で息ができず、焦りました。でも、スタッフの「逆さまになっていても、右は右だ！」というアドバイスで、何とか浮上。こういった命の危険を感じるような訓練も、繰り返すうちに、こなせるように……。

私は、このT-38の訓練が大好きでした。風に乗っている感じで、何とも言えない爽快感があるのです。いつ飛んでも、空の美しさ、ヒューストンの風景が心を洗ってくれて、悩みも吹き飛んでいく。訓練後は、「よし、もう少しがんばってみよう」と思えたのです。

## 70　「失敗は、学べる機会」がNASA方式

訓練は、私にとって「やすらぎの時間」であり、「やすらぎの場所」でした。

どんな訓練でも集中力が要求されます。訓練に集中すると、それ以外の余計なことは頭から離れていきます。気持ちが切り替わって、リセットできるのです。そのため、訓練が終わるといつも気分がすっきりとして、前向きになれました。

NASAの訓練で、感心したことが二つあります。

一つは、リアルタイムで査定されること。

日本の組織では、通常、査定の機会は年に1回程度ですが、たとえば1年後に「もう少しコミュニケーションをよくしたほうがいいね」と指摘されても、いつ何がいけなかったのかピンと来ないため、具体的に直すことができません。

でも、NASAの訓練では、よいことも悪いこともすぐに、しかも具体的に指摘してくれました。人格とは切り離し、あくまでそのときの行為に対して指摘をくれるので、悪い指摘でも素直に受け止めることができました。自分で理解ができれば、次の機会からすぐ

に、直すことができます。

## 大人も褒められればうれしい

もう一つは、評価が加点方式であったことです。日本の社会だと減点方式が多く、評価される側は少し委縮してしまう気がします。

アメリカでは、失敗は学べる機会として前向きにとらえ、基本的に加点方式です。もちろん、悪かったことも指摘されますが、よいことは些細なことでも一つひとつ取り上げて褒めてくれて、「ここがよかった」と具体的に言ってくれます。

職場でも、勝手に賞状をつくって、みんなの前で表彰をすることがよく行われていました。「あなたはよくがんばりました」と、小さなプレゼントをもらうことも。褒めてもらって、賞状やプレゼントをもらうと、大人でもほんとうにうれしいものです。それがモチベーションを高め、組織のためにもっとがんばろう、という気持ちにつながります。

日本人にとって、褒めるという行為は気恥ずかしいし、「お世辞っぽくなってしまうのでは？」と考えすぎて、なかなか褒め言葉を言い出せません。でも、褒めるというのは大事なこと。

子育てでも他の場面でも、よいと思ったことは、素直に口に出して褒められる人でありたいな、と思っています。

## 71　英語によるコミュニケーションの「壁」

ＮＡＳＡでの訓練、スペースシャトルやＩＳＳでの作業や会話は、すべて英語で行われますので、日本人宇宙飛行士にとっては、英語によるコミュニケーションは大きな課題です。日本語と英語では構造が違いますし、ネイティブ・スピーカーのスピードについていかなければならないのは、とても大変でした。

いくら座学での試験でよい点数をとっても、訓練中に教官やスタッフの言葉に素早く対応できなければ、宇宙飛行士としてはやっていけません。しかも、９割が非常時の訓練で、ストレスがかかった状況を想定してのものなのです。

地上と交信する際は、音声のみでお互いの顔が見えません。しかも、雑音が入り、聞き取りづらくなります。外国人宇宙飛行士にとっては、一段とハードルが高くなります。

日本人宇宙飛行士は皆、人一倍がんばって勉強していました。私も、日本人宇宙飛行士が代々お世話になっているレニータさんという英語の先生から、週に１回、個人レッスンを受けていました。

この個人レッスンで、とくに役に立ったのが、英語の発音を徹底的に直してもらったことです。

日本人の弱点として、よく指摘される「l」と「r」など子音の違いだけでなく、「a」「e」「i」「o」「u」の母音の違いも私には難しかったからです。同じ「a」でも何通りもの音がありますので……。

## 「えーと」ではなく「イエス」か「ノー」で

聞き取りは、時間を重ねれば何となくできるようになります。しかし、いちばん大事なのはコミュニケーションです。いくら要求されたタスクを上手にできても、そのことを周囲に伝えることができなければ、評価は下がります。たまたまうまくできたのか、きちんと理解したうえでできているのか、判断できないからです。

私自身、きちんと評価してもらえないときがあり、言葉によるコミュニケーションの重要性を痛感しました。

また、言葉を発するとき、日本人はつい「えーと」と言ってしまう傾向があります。「イエス」と「ノー」の意思も、素早くはっきりと伝えなければなりません。いかに簡潔に、そして明確に必要なことだけを伝えて、相手とのコミュニケーションをとるか。それを含めての訓練でした。

## 72 わからないときは「わからない」と言う勇気を

技術用語はいったん覚えてしまえば、それを使えばいいので、ある意味、楽でした。仕事上使う言葉は日々の訓練で慣れていきます。

問題は、職場の仲間との日常会話でした。ふだんの会話では、使われる語彙も多くなるし、テレビのアニメーションなどで使われるフレーズ（短い言い回し）や、流行っている言葉がポンポン出てきます。訓練での英語より、そういう日常会話に慣れるほうが、時間がかかりました。

みんなが笑っているのに、その理由がわからないときは、その都度、「何で笑っているの？」と聞きました。

会話の腰を折ることもありますし、「わからない」と言い出すのは、勇気がいります。でも、わからないことがあっても、黙っていると、相手は私が理解したと思ってしまいます。わからないままにしておくと、あとで困るのは自分。ですから、勇気をもって、「わからないのだけど、教えて」と聞いていました。

聞けば、彼らは親切に教えてくれます。でも、こちらから言い出さないと、察してはくれません。質問できなかったときは、簡単にメモをとり、家に帰ってから調べました。

## 否定形はなるべく使わない！

英語ならではの表現もあります。

筑波宇宙センターで訓練をしていたときはギャリーさんに英語を教わっていましたが、「否定形はできるだけ使わないように」「話すときは、できるだけポジティブに」と指摘されました。「同じことを伝えるのでも、NOTを使わずに、他の言葉で置き換えると、相手への伝わり方が全然違うから」と。

ネガティブな言い方はせず、常にポジティブに伝える。それがアメリカの文化なのだと思います。日本人にはなじみのない思考法ですが、実際、自分がポジティブな表現で伝えられると、同じ内容でも気持ちが違う、と気づきました。スペースシャトルが飛ばず、不安定な状況が続いたので、とくに強く感じる機会が多かったのかもしれません。自分自身、ついつい否定形を使っていることを痛感させられました。

思いどおりにことが進まないとき、否定形をやめてみてはどうでしょう。「できない」ではなく、「できるようにやってみる」と言ってみよう、そしてその言葉に重みをおいてみよう、と自分でも心がけています。少し違った道が開けていくかもしれません。

## 73 柔軟性と「宇宙酔い」の相関関係

宇宙飛行士を志す人たちの性格やバックグラウンドはまちまちです。そのなかで共通していると思うのは、おそらく協調性。それから、どんなことがあってもやり遂げる意志力、忍耐力でしょう。あとは、私も含めて、ある程度楽観的な人が多いようです。宇宙飛行士の仕事には、心配するときりがない部分もありますから……。

実際、訓練の合間にも、よく冗談を言い合っています。大変だ大変だ、というのではなく、できるだけ楽しくやっていこう、という人が多いと思います。

宇宙飛行士は、宇宙に行くまでに長い時間がかかりますし、その間、何が起きるのかもわかりません。そういう環境では、つらいときこそ、どんなことでも楽しんでしまう性格のほうが向いているのかもしれません。

### 無重力状態では上も下も横もないから

スペースシャトルの事故のように、自分の力ではどうしようもない現実に対して、焦りや無力感を感じてしまうと、宇宙飛行士としてはやっていけません。ですから、どんなことが起きても受け入れることのできる柔軟性は、とても大事です。

無重力状態に行ったとき、宇宙酔いになる人とならない人がいます。夫や同僚の宇宙飛行士の個人的な観察によると「柔軟性のある人は宇宙酔いにならないんじゃないか」と。

宇宙酔いは、平衡感覚を司る三半規管がバランスをとれなくなるためだろうといわれています。無重力状態では、上も下も横もありません。視覚から入る情報と、三半規管の情報が異なりますので、「こうあるべきだ」と思うと、混乱してしまうのかもしれません。

ちなみに、宇宙酔い症状は乗り物酔いに似ているのですが、両者に相関関係はないことがわかってきました。私の場合、子どものころ、乗り物酔いになりやすかったのですが、宇宙に行ったときには、まったく宇宙酔いになりませんでした。クルーのなかでもなぜか人一倍元気で、帰還後の式典で、いまは亡きアレン・ポインデクスター船長が「Naoko was born to fly to space（直子は宇宙に飛ぶために生まれた）」と言ってくれたことを覚えています。彼から多くを学べたことに感謝でいっぱいです。もっとも、宇宙酔いになってしまっても、皆さん仕事をきちんとこなしているところはプロだと思いました。

この宇宙酔い、薬もありますが、メカニズムは未解明な部分が多く、今後、より多くの人が宇宙へ行く時代に向けて、その予防法や対処法などの研究が進むことに期待しています。

## 74 状況判断能力も訓練で伸ばせる

ＮＡＳＡの訓練では、通知表（評価）をもらうのですが、評価は大きく分けて４項目あります。自己管理、リーダーシップ、フォロワーシップ、状況把握です。

そのうち、自己管理、リーダーシップ、そしてフォロワーシップの二つは、「トレイナブル（trainable）」といって、訓練で高めていきます。

一方、状況把握の能力は、もともとの素質に依存するところが大きいそうです。しかし、もしも苦手だと思ったら、その点を認識し、注意して、訓練の過程で重点的に取り組んでみてはどうでしょう。

状況把握も、意識することで、伸ばすことができるのです。

どう伸ばすかというと、それはズバリ「経験」しかありません。

いろいろなシミュレーションや実技を試し、それも、決まった相手とだけではなく、いろいろな人とペアを組んで仕事をするなかで、うまく行ったところとうまく行かなかったところを分析して、自分の弱点を学び、改善していくのです。

## 最悪の状況でも可能性を追求して

T-38ジェット機の操縦訓練は、状況判断力を高めるためにもよい訓練です。後部座席に乗る私たちと前部座席のパイロットとは、その都度、組み合わせが変わるので、臨機応変にそれぞれの性格に対応しなくてはいけないし、リアルタイムでコミュニケーションをとらないといけません。

もしも仕事のなかで、「自分は状況に応じて対応していくのが苦手だな」と感じたら、さまざまな経験を積むことが重要かもしれません。臆してしまっては、苦手部分の分析もできませんから、改善することが難しいのではないでしょうか。

そして、状況判断でいちばん重要なことは、決して諦めないこと。「もうダメだ」と諦めてしまうのではなく、どんなに悪い状況においても、目の前にある道具や機器を使って、何とかやってみようと試みる。「コンピューターが壊れても、もう一つコンピューターが残っているから、それでできることがあるのではないか」と、可能性を追求していくのです。

コミュニケーションも、いろいろなスタイルがあります。一つのやり方でうまく意思疎通できなかったら、別の表現を試してみる。そうした経験の一つひとつが貴重な糧になっていくと思います。

## 75
## ロボットアームのスペシャリストに

2005年7月、コロンビア号事故後の初のスペースシャトル再開飛行が行われ、野口聡一宇宙飛行士がミッションスペシャリストとして15日間乗船しました。

そして2006年2月、私はミッションスペシャリストの資格を取得。一通りの訓練は終わったので、その後は、日本での基礎訓練が終わったときと同じように、訓練で得た技術を維持する訓練（技量維持向上訓練）を受けながら、他の時間はNASAでの地上業務を行っていました。ISSは地上400キロメートルの地球周回軌道上を回っています。ISSでは、宇宙飛行士が長期滞在をしているので、その人たちをサポートする必要があったのです。

私はロボットアームの技術業務を希望し、それが割り当てられたので、ロボットアーム運用のサポートをしていました。大学院で宇宙ロボットの研究をしていたので、実際に操作したいと思い、訓練でも力を入れていたのです。

ＩＳＳの建設が再開したので、操作に熟練することがミッションへの参加につながるのではないかという思いもありました。

## 複数の画像を頭のなかで組み立てる

ロボットアームを動かすにはコツがあります。手動で動かすときは、二つのジョイスティックを微細にコントロールしなくてはならず、自動で動かすときは、予め定められた軌道どおりに動いているかをチェックします

ロボットアームは、ＩＳＳの外で動きますが、操作は船内から行います。窓から直接ロボットアームを見られないことが多いので、ＩＳＳの外壁に何個か取り付けてあるカメラの映像を通してアームの動きを見るのですが、一つのカメラで全体像を映せることは少ないのです。

多くの場合、複数の画面に先端だけ、真ん中だけ、基部だけの部分が映っている。それらすべてを自分の頭のなかで組み合わせて、一つの映像にする必要があります。

しかも、カメラで見る画像と実際の座標計が一致しているわけではありません。画面上では上に動かすようになっているけれども、実際には右に動かさなくてはいけないのです。断片的な情報を集めて、一つのまとまった状況に仕上げていく。そういった空間把握力も、訓練によって鍛えていきました。

# 第七章

# 宇宙の未来へ向かって

## 76 土井宇宙飛行士をバックアップ

２００８年3月11日、スペースシャトル「エンデバー号」に乗り組んだ土井隆雄宇宙飛行士とともに、日本の実験棟「きぼう」の船内保管室が国際宇宙ステーション（ＩＳＳ）に打ち上げられました。私は土井宇宙飛行士のクルーサポートアストロノート（搭乗者支援宇宙飛行士）に選ばれ、打ち上げのときはフロリダのケネディ宇宙センターで、ミッション中は筑波宇宙センターにある「きぼう」運用管制室で、交信を担当しました。

船内保管室がＩＳＳに取り付けられたのは、３月14日。その翌日、土井宇宙飛行士が「きぼう」の船内保管室に入りました。

「これは日本にとって、新しくより素晴らしい宇宙時代の幕開けです」

土井宇宙飛行士のメッセージを聞き、私は感動で思わず胸が熱くなりました。

「きぼう」の開発が始まってから23年――、この打ち上げまでには、設計した人、製造した人、運用の準備をした人、ほんとうに多くの人たちが関わってきました。夫も運用準備に深く関わっていました。私自身も、ＮＡＳＤＡに入社して間もなく、「きぼう」の開発プロジェクトチームの一員となりました。「きぼう」の完成まで、どれだけ多くの人たちが情熱を傾けてきたか、私はその一部を知っています。土井宇宙飛行士の入室は、その人たちの思いが結実した瞬間だったのです。

私は、土井宇宙飛行士へ、「あなたは、私たちの〝希望〟です」という言葉を送りました。

## 日本の「きぼう」が20年以上を経て完成

土井宇宙飛行士は入室後、JAXAの8人の宇宙飛行士の集合写真と、訓練のときに着用するブルースーツを着た私の写真を船内保管室の壁に貼ってくれました。

地上から支援する宇宙飛行士に対する、「次は、あなたの番ですよ」というメッセージでしょう。土井宇宙飛行士の優しさと思いやりが伝わってきて、目頭が熱くなりました。

「きぼう」はその後、2008年6月に船内実験室とロボットアームが打ち上げられ、星出彰彦宇宙飛行士がISSのロボットアームによって、船内実験棟を設置しました。翌年7月には、船外実験プラットフォーム、船外パレット、衛星間通信システムが打ち上げられました。3月からISSに長期滞在していた若田光一宇宙飛行士が、「きぼう」の最後の構成部分となる船外実験施設を取り付けました。

これによって、「きぼう」は開発から20年以上を経て完成したのです。

## 77 いよいよ、私の番が回ってきた

土井隆雄宇宙飛行士の支援をしてから、7ヵ月後の2008年10月31日、日本に一時帰国をしていた私に、NASAのスティーヴ・リンジー宇宙飛行士室長（当時）から、メールが届きました。

「話したいことがあるので、連絡をください」

リンジー室長からの連絡は、極端によい知らせか、極端に悪い知らせか、どちらかです。私は少し不安になりました。

しかも、日本とNASAのあるテキサス州ヒューストンとでは、15時間もの時差があります。メールに気づいたのは午前4時半ごろ。外は真っ暗で、家族も寝ています。電話をするのを躊躇していたら、2通目のメールが届きました。そこに、こう書いてあったのです。

「おめでとう！　2010年2月のアトランティス号への搭乗が決まった！　いい仕事をしてくれると信じている」

やったー！

その場で飛び上がりたいような気分でした。「夢ではないよね？　間違いではないよね？」と、何度もメールの文面を読み返しました。

## 10年越しの夢が現実になって

私が「ISS搭乗宇宙飛行士」の候補者に選ばれたのは、1999年。基礎訓練を終え、正式に宇宙飛行士に認定されたのは、2001年。それから、ずっと待ち続けてきた瞬間でした（なお、その後、ミッションの内容は若干変更となります。打ち上げは2010年4月、「アトランティス号」ではなく、「ディスカバリー号」に搭乗することになりました）。

搭乗割り当てを受けると、搭乗期間中のミッションに特化した訓練を行っていきます。

正式に訓練が始まったのは、翌2009年3月。それまでの半年間は、これまでどおりに地上業務をしながら、「アドバンスト訓練」で行ったスペースシャトルの訓練を復習して、感覚を取り戻します。そして、3月から、実際のミッションに沿ったチームでの訓練を開始。

いよいよ、宇宙へ行く最終準備が始まったのです。

## 78 STS－131／19Aの一員として

今回のメンバーは、アレン・ポインデクスター船長をはじめとして、ジェームズ・ダットン、リチャード・マスラキオ、ドロシー・メカフ・リンデンバーグ、ステファニー・ウィルソン、クレイトン・アンダーソン、そして私です。

このなかで女性は、ドロシー（ドッティ）さん、ステファニーさんと私。1回のミッションに女性宇宙飛行士が3人参加するのは、珍しいことでした。

スペースシャトルは、打ち上げごとに特別な任務（ミッション）を担っています。スペースシャトルの公式な名称は「Space Transportation System」。したがって、シャトルのミッションコードは、この「STS」に通し番号をつけて付与されます。

私が選ばれたのは、「STS－131／19A」。

「131」は、スペースシャトルにおける131回目の打ち上げを意味し、「19A」は、ISSにおけるアメリカの要素の組み立ての19回目という意味です。

## 打ち上げに向けて、約1年の訓練

私に割り当てられた任務は、スペースシャトルに付属するロボットアームを使用したスペースシャトルの機体の損傷点検、ISSに付属するロボットアームを使用した「多目的補給モジュール」の取り付け、そして、物資輸送責任者と実験責任者などです。スペースシャトルは、約30トンもの重さの物資を宇宙に持って上がることができる能力を持っています。したがって、積み込む荷物も相当な量になるのです。

打ち上げに向けて、クルーで行う訓練期間は約1年です。

それまで、個々にスペースシャトルの訓練は行っているのですが、搭乗するクルー7名のチームでの訓練を行います。訓練内容はミッションによって異なるので、新たに取り組まなければいけません。もちろん、訓練のなかには、私の専門であるロボットアームの操縦も含まれます。

訓練時間は、基本的に1日8時間です。週に2日休みがあります。ただ、設備の関係で、夜に訓練することもあれば、ISSでのスケジュールをシミュレーションする訓練では、数日間、7人で一緒に寝泊まりしました。打ち上げ場であるケネディ宇宙センターのあるフロリダまで出張し、実際のスペースシャトルを見ながらする訓練もありました。

訓練を通じて、メンバーの結束が強まっていきます。

## 79　2種類のロボットアームを操作する

ロボットアームの訓練は、スペースシャトルのロボットアームと、ISSのロボットアームの2種類があります。スペースシャトルのロボットアームは、長さが約15メートル、直径は約38センチ、重さが約410キログラムあって、通常はスペースシャトル本体（オービタ）の胴体中央部にある貨物室（ペイロードベイ）に格納されています。

操作は、操縦席の真裏にあるコントロールパネルで行います。操作を担当するミッションスペシャリストは、あるときは自動で、あるときは手動でハンドコントローラーを動かして操作します。一方、ISSのロボットアームは、長さ17メートル、重量は1800キログラムもあります。そのため、訓練のときはロボットアームを模擬したCG（コンピューター・グラフィックス）の映像を見ながら、ロボットアームを動かします。

ロボットアーム自体は細いので、無重力状態においても、先端に12トンもの重さの多目的補給モジュールをつけると、少しの振動でも揺れてしまいます。いったん揺れ出すと、空気抵抗のない宇宙空間ではなかなか揺れがおさまりません。ぶつからないように、ロボットアームに負担をかけないように、慎重に操作することが求められます。

## 将来の日本の有人宇宙船に向けて

ミッションに向けた訓練を行いながら、T－38ジェット機での訓練も続けます。日中はスペースシャトルの訓練があるので、夜間や、土日に飛んでいました。飛行間隔をあまりあけると、感覚を取り戻すのが難しくなります。もし、一定以上間をあけてしまったときは、教官にチェックしてもらってから飛びます。自転車も、しばらく乗っていないと最初はふらつきますよね。それと同じで、T－38に乗るための安全上のチェックです。T－38訓練の目的は瞬時の状況判断力を高めることと、いろいろなことを同時に行うマルチタスクの技術を磨くこと。マルチタスクは、宇宙に行ったときに役に立ちました。訓練の内容は、宇宙飛行士の意見を取り入れて改善されています。訓練やミッションのフィードバックを行い、システムをよくしていくことも宇宙飛行士の大事な仕事です。NASAでは、宇宙飛行士だった人がマネジメントの業務に多く携わっているので、現場のことがよくわかっていることも大きいでしょう。日本でも有人宇宙飛行の経験を徐々に蓄積しています。日本が自国で有人宇宙船を運航するようになったとき、宇宙船を開発することだけではなく、どう人を訓練し、どう宇宙船を運用していくか、という部分がとても重要になってきます。現場の意見をどんどん活かしていけるといいと思います。

## 80 宇宙に行ってみて――(1)

### 無重力で宇宙に来たことを実感

2010年4月5日、スペースシャトル「ディスカバリー号」は、フロリダのケネディ宇宙センターから打ち上げられました。

クルーは3時間前から、オレンジ色の「与圧服」と呼ばれる特殊スーツに身を包み、スペースシャトル内のキャビンに乗り込みます。与圧服は、1986年のチャレンジャー号の打ち上げ時の爆発事故のあと、正式に採用されました。「与圧」というだけあり、服のなかの気圧を一定にし、ヘルメットのバイザーを閉じると密閉状態になって酸素が供給されます。両足のポケットには、サバイバルキットや無線機が収納され、背中にパラシュートを背負うと、一式40キログラム以上になります。基礎体力がきいてきます。

この与圧服を着て、着陸後のスペースシャトルから、火災等で緊急に脱出する必要がある場合の脱出訓練も事前に行いました。この訓練には、クルーの家族が見学に招待され、夫と娘の優希が10メートル以上の高さがあるスペースシャトルの天頂部から、ロープ1本で降りる私を心配そうに見上げていたことが思い出されます。

## シートベルトをはずしたら、体が浮いた！

発射の時刻になり、スペースシャトルのエンジンが点火されると、ガタガタと振動を感じます。ヘッドセットをしているので外からの音は遮られるのですが、頭蓋骨を通じてものすごい音の振動が伝わってきます。そして、最初はゆっくりですが、だんだんと加速をしていく様子が感じられます。

発射後7分から後の1分間半にかかる重力は約3G。つまり、自分の体重の3倍の重さがのしかかってくるのです。頬が後ろに引っ張られ、腕も強い力でグーッと押さえつけられます。まるで、巨大な空気の塊に全身が押さえつけられているようでした。

その重さにじっと耐えていたとき、スペースシャトルのメインエンジンが停止。打ち上げ後8分30秒、地上400キロメートル上空の地球周回軌道に到達したのです。次の瞬間、機内は一挙に無重力（無重量）状態に入り、いきなり体が軽くなりました。

ポインデクスター船長の「Welcome to Space!（ようこそ、宇宙へ！）」という声が、コックピット内に響き渡ります。

私たちはまず、与圧服の手袋をはずし、ヘルメットをとり、座席のシートベルトをはずしました。すると、体がフワッと宙に浮いたのです。

「ああ、宇宙に来たんだ」と実感し、体中の細胞が喜んでいると感じました。

## 81 宇宙に行ってみて――(2)

# 宇宙船内服はメイド・イン・ジャパン

与圧服を脱いだら、その後は船内服に着替えます。スペースシャトルの船内は、地上と同じ一気圧に保たれていて、快適に生活できるように、温度や湿度が調整されています。このため、特別な洋服を着る必要はなく、地上と同じ服装で生活します。

ただ、宇宙空間では、水が球状になってしまうので、水道やシャワーをはじめ、洗濯機は使用できません。つまり、衣服が汚れても洗うことができないのです。

スペースシャトルの場合は、着用した衣服はそのまま持ち帰りますが、ISSでは、2～3日着て汚れると、廃棄せざるをえません。いまは、「プログレス」や日本の「こうのとり」などの補給船に乗せて、大気圏に突入するときに燃やしてしまいます。

私は、滞在日数分のシャツなどの着替えを持っていきました。無重力状態での着替えは、なかなか大変でしたが……。

NASAからは綿100％素材のシャツ等が支給され、そのなかから、自分の好みでデザインや色を選びます。宇宙船内での静電気の発生を防ぐために、綿素材が基本です。しかし、洗濯機のない宇宙では、汗をかいてもすぐに乾燥し、長く着ても臭わない、かつ菌の繁殖を防ぐ、機能性の優れた衣服が便利です。

そこで、日本の優れた繊維技術を宇宙でも活用しようと、宇宙船内服を日本で公募することにしたのです。これは初の試みでした。公募に応じてくださったなかから、NASAの安全基準にも合うシャツ、ズボン、靴下、運動着を十数点選び、実際に宇宙で着用しました。とても着心地がよく、NASAの宇宙飛行士からもうらやましがられました。

## 女性らしさもデザインに取り入れて

なかには、春らしい、そして女性らしいデザインのものもありました。機能性だけでなく、生活を楽しくする視点も加えてくれていたことはうれしかったです。たとえば、ロボットアームを操作するときに着ていた、桜をイメージした薄いピンク色のニットシャツは、縫い目がなくて動きやすいだけではなく、首元や袖口などにフリルをつけた女性らしいデザインでした。

宇宙空間において、日本の優れた繊維技術を検証することができたのは、うれしいことでした。これからも多くの研究者の開発した技術が、宇宙空間で使われていくでしょう。宇宙飛行士に限らず、子どもたちが宇宙へ関心を持って研究などに携わってくれたら、と願っています。

82 宇宙に行ってみて――(3)

## 「きぼう」夢のような時間

打ち上げから3日目、ＩＳＳとスペースシャトルがドッキングしました。

ＩＳＳの大きさは、約108・5メートル×72・8メートルで、サッカー場ほどの大きさです。生活空間は、ジャンボジェット機を2台つなげたほどの広さがあります。

ＩＳＳ内には、２００９年12月に、ロシアのソユーズＴＭＡ－17で出発し、ＩＳＳに長期滞在をしていた、野口聡一宇宙飛行士がいました。日本人が同時に2人宇宙に滞在するというのは、今回が初めてでした。

ドッキング前、野口宇宙飛行士からコールがありました。

「I cannot wait to see your big smile.（あなたの笑顔が待ちきれません）」

私も、ディスカバリー号からこう答えました。

「Same here. Looking forward to seeing you soon.（こちらもそうです。まもなく会えますね）」

## 真っ先にISSのなかへ入れてくれた

ディスカバリー号は1時間半ほどの時間をかけ、ISSにゆっくりと接近してドッキングしました。空気漏れの確認後、ハッチが開かれ、トンネルのような結合部を抜けて、ISSへ。

ポインデクスター船長は、私を真っ先にISSのなかに入れてくれました。野口宇宙飛行士をはじめ、ISSに滞在している宇宙飛行士たちが笑顔で迎えてくれました。

いちばん感激したのは、日本の実験棟「きぼう」に入ったときでした。前述したようにNASDAの職員になったばかりのころ、配属されたのが「きぼう」の開発プロジェクトチームだったからです。

日本の歴代の宇宙開発関係者のたくさんの思いが込められた「きぼう」、そのなかに自分がいる。夢のような瞬間でした。

その感激からわずか数分後、私はロボットアームのコントロールパネルの前にいました。地上での訓練ではCG（コンピューター・グラフィックス）を使っていたため、実際のISSのロボットアームを操作するのは初めてです。二つのハンドローラーを手動で慎重に操作していきます。ロボットアームは、訓練のときと同じようにスムーズに動いてくれました。

## 83　宇宙に行ってみて――(4)
### 楽しみは食事時間

大量のミッションをこなさなくてはならないため、スケジュールは分刻みです。とくに飛行初日から7日目までは起床から就寝まで、ずっと働きづめで、唯一の休憩時間は夕食のときだけ。食事の時間は、ISS滞在での大きな楽しみです。

宇宙食といえば、チューブ入りでペースト状の離乳食に近いもの、または一口サイズというイメージが強いようです。しかし、いまでは、200種類を超える宇宙食があり、日本食のメニューも30種類ほどあります。ごはん、お赤飯、カレーライス、ラーメンから魚の煮付けまで。ほとんどはフリーズドライ（凍結乾燥）ですが、レトルトカレーのようにアルミパックのまま持っていき、宇宙で温めて食べられるものも多いのです。

クルーは、自分の滞在期間中に食べるメニューを事前に選び出すことができるので、私は、卵焼きやキンメダイの煮付け、羊羹、緑茶などの日本食も持っていきました。また、野口宇宙飛行士へのプレゼントとして、リンゴの果実も運びました。

## 無重力ではすぐにおなかがいっぱいに

宇宙食はビニール製の袋に入っていて、フリーズドライ加工されているものは、お湯を加えて元にもどします。オーブンで加熱して食べるものもあります。果物やパン、ナッツなどはそのまま食べ、飲み物など液体を飲むときは、アルミパックからストローで吸います。液体を飛び散らせて機器の故障を起こさないようにするためです。

緑茶やコーヒー、紅茶など、熱くして飲みたいものもありますが、安全のため、宇宙では熱湯は使いません。お湯の温度は、ストローでもおいしく飲める70度に設定されていて、細かい工夫がなされているのです。

ただ、無重力ですから、食べたものはみんな胃全体に広がってしまいます。すると、何となく「おなかがいっぱい」という感覚になるのです。打ち上げ当初はそれで食欲が湧かなかったのですが、2~3日すると慣れ、それからは、普通に食欲が湧いてきました。

現在は、すべての食糧を地上から宇宙に運んでいますが、月や火星など、より遠くのミッションに向けて、宇宙船内で米やサツマイモや大豆を栽培したり、蚕などタンパク質のあるものを育てて食糧化し、自給自足していく研究も行われています。

宇宙での食とひと言でいっても、栄養、食品の保存や安全管理、宇宙農業など、いろいろな観点からの研究が必要で、とても奥深いものです。

## 84　宇宙に行ってみて――(5)

### ISSでの生活

#### ◉睡眠

睡眠時は、「さぼう」の窓のそばに寝袋を取り付けて寝ました。無重力の世界では上下の区別がありません。ですから、宇宙飛行士はどこでも、どんな向きでも寝ることができます。ただし、寝ている間にどこかに飛んでいっては困りますから、寝袋をラック（棚）や窓枠などに紐で軽くしばって寝ます。

ISSは、秒速8キロ、実に音速の25倍（マッハ25）で動いているので、90分で地球を一周します。45分ごとに昼と夜が交互にやってくるので、寝るときはアイマスクが必要になります。

#### ◉風呂

無重力状態では水が丸くなってしまうので、蛇口は使わず、地上のように、蛇口の下に手を出して洗うことやシャワーを浴びることはできません。水鉄砲のように、引き金を引いているときだけ、水やお湯が少量ずつ出るホースを使います。それでタオルを濡らし、手や顔、体の汚れを取りたいときは、液体石けんをふくませた濡れたタオルでふきます。髪を洗うときは、水を使わずに洗えるシャンプーを使います。泡立てて汚れをとったら、乾いたタオルでシャンプーをふき取っておしまいです。

私が苦労したのは、歯磨きでした。普通の歯ブラシを使って、普通の歯磨き粉をつけて磨くのですが、水で口をゆすいだあと、それを飲み込まなければなりません。流し台がないので、吐き出すことができないのです。

私をはじめ、ルーキーの宇宙飛行士は最初、抵抗があって、飲み込むことがなかなかできませんでした。船長さんから「Yes, you can do it.（大丈夫、あなたならできる）」と励まされたのがいい思い出です。

## ⦿クシャミ

無重力空間だと、ホコリが下に落ちないので、空中に舞っています。それを鼻から吸ってしまうので、よくクシャミが出ました。クシャミで、自分の体が遠くに飛ばされることはありませんが、強いクシャミをすると、体のバランスがくずれることはありました。

## 85　宇宙に行ってみて――(6)

# 宇宙から見た地球は素晴らしい

宇宙に実際に行ってみて、強く感じたのは、本物の宇宙はそれまで描いていたイメージよりもはるかに大きく、想像以上に美しいということです。

スペースシャトルやISSの窓から地球を見ると、暗黒の宇宙空間のなかで、朝日を浴びた地球が薄い大気層に包まれて青く光り輝いていました。とくに、日の入りと日の出の瞬間には、その薄い大気層が虹色に輝いて、奇跡的に美しかったです。

地上との交信のときに、宇宙に行った感想を聞かれ、「宇宙は、何年かかっても、到達するのに値する素晴らしいところです」と答えたくらいです。

ISSから、日本も見ました。ロボットアームによる多目的補給モジュールの設置が終了したとき、他の仲間から「ちょうどいま、日本が見えるよ」と言われたので、窓の外を見ると日本列島の形がはっきりと見えたのです。あのときはうれしかったですね。野口宇宙飛行士は、日本の上を通るとき、手を振っていました。その様子を見て、私も一緒に日本に手を振りました。

## 地球は生きている

宇宙での最大の魅力は、無重力の感覚と地球を外側から見られることです。しかも、ISSからの眺めは、地球を見下ろすだけではありません。飛行機からだと、常に地球を下に見ますが、無重力空間である宇宙には、上下左右がありません。そのため、地球を見上げることもあります。

窓の外にある地球を見上げるとき、自分は宇宙に浮いていて、地球も浮いていて、お互いに向き合っている感じがしました。

地球という大きな生命体と向き合う感覚は、ほんとうに想像以上で、「地球は生きている」と実感しました。

宇宙に出ると、地球のよさを感じます。スペースシャトルで地上に戻ってきたとき、改めて地球の空気、風の動き、木々の香り、自然を感じて、とても感動しました。それらは、宇宙にはないものだからです。宇宙から見た地球も美しかったのですが、地球に降りて、地球の上から見た地球はやはり、とても美しかったです。

退役した「ディスカバリー号」は、2012年4月、ジャンボジェット機ボーイング747の背中に固定されて、ケネディ宇宙センターを飛び立ち、スミソニアン博物館の格納庫に入りました。現在は、スミソニアン博物館に展示されています。

## 86　女性であることのハンディ

STS－131では、初めて日本人が同時に2人、ISSに滞在しました。それと同時に、女性が4人同時に宇宙に滞在するのも初めてだったのです。

宇宙において、女性はまだまだ少数派です。アメリカでは女性宇宙飛行士が比較的多く、軍出身の人もいれば、エンジニア、医師、研究者など、さまざまです。子どものいる女性もいます。一方、日本ではまだ、向井千秋さんと私の2人しかいません。ロシアでも女性の宇宙飛行経験者は3人です。

これまで宇宙に行った人は500人ちょっといますが、女性は1割程度。私が宇宙飛行士候補者の選抜試験を受けたときの応募者数を見ても、864人のうち、女性の応募は1割程度でした。

訓練の大変さは、男性も女性も変わりません。

私が女性であることを唯一不利に感じたのは、前にも書いた、ロシアの雪原でのサバイバル訓練のトイレのときだけです。それ以外は、男性のほうが有利だと思ったことはありません。

女性は男性に比べると、体力的なハンディはあります。体力を使う船外訓練や、重いバックパックを背負って山道を歩く訓練では、私は小柄なので、体の大きな人をうらやましく感じました。

でも、無重力空間である宇宙で働くには、ある一定の基礎体力と持久力があれば、体力の差はハンディにはなりません。

## 一定以上の体力があれば大丈夫

実際に宇宙に行ってみて、ミッションをこなし、女性も普通に働けると思いました。

生理のときは、どうするのか？　私の場合、搭乗が短期間だったので、その期間に重ならないように、ピルでコントロールしました。なかには、何ヵ月も長期滞在する女性がいます。聞いてみると、ピルを飲み続けて生理が来ないようにした人もいれば、ナプキンやタンポンを使った人もいました。無重力でも、普通に大丈夫なのです。

また、宇宙ステーションでは、尿をリサイクルして飲み水に変えます。生理のときはリサイクル水に血が混じってしまわないように、布製のフィルターを1枚かませれば、血液を除去できリサイクルできるように改良されています。

# 87 外国人宇宙飛行士のハンディ

いちばん大変なのは、前にも書いたように、宇宙に行くまで長丁場であることです。自分の国で訓練ができればいいのですが、日本は自国で宇宙船を持っていないために、他の国で訓練を受けなければなりません。

たとえば、NASAのミッションスペシャリストの女性は、歴代の外国人ではカナダ人のジュリーさんと日本人の私しかいません。ジュリーさんから「外国人の女性では私たちだけよね」と言われて、「あっ、そうか」と思いました。カナダはアメリカの隣国ですが、ジュリーさんはそれでも「大変だ」と言っていました。それを考えると、遠く離れた日本国籍の立場では、やっぱり大変だったなぁ、きっと家族のほうがそれ以上に大変だっただろうなぁ、と思います。

というのも、ミッションスペシャリストの場合、一定期間以上、アメリカを離れることはできません。アメリカ国籍以外の飛行士でも、NASAの立場で地上業務を行い、審査会に参加したり、他の飛行士のミッションを支えたりするからです。

また、訓練もあります。T－38ジェット機による飛行訓練や語学訓練、体力トレーニング、スペースシャトルに関する詳細な項目の訓練など、宇宙飛行士としての能力の維持・向上のための訓練のほか、ロボットアームや船外活動、スペースシャトルランデブー訓練などの特殊システムの訓練、スペースシャトルの飛行模擬訓練もあります。

一定期間NASAでの訓練や業務から離れると、1年間NASAで再びしっかり訓練や業務をしてからでないと、搭乗が割り当てられないのです。

## 生活の軸足をどこに置くかが悩みどころ

仕事以外のこと、家庭、出産の時期、そして育児に関しては、女性は男性よりも考えなければいけないことがたくさんあります。私も家族のことを考え、生活の拠点をどこに置くか悩みました。子どもの教育など、海外勤務をする人たち共通の悩みでしょう。ただ、一般的な海外赴任の場合、だいたい3年程度の期限が決まっていて、終われば帰国、という予定が見えます。それに比べると、宇宙飛行士はアメリカでの生活が何年になるかまったくわからないため、日本とアメリカのどちらに軸足を置くかが、なかなか決められませんでした。

これからは、世界各国でさまざまな宇宙船が開発されて、状況が変わると思います。日本から宇宙へ旅立つ真の「国産宇宙飛行士」が誕生することを心より願っています。

## 88　ＪＡＸＡを退職、第２子を出産

私が宇宙から帰ってきて間もない２０１０年夏、スペースシャトルの運用が近々、完全終了するのを受け、ＪＡＸＡ（宇宙航空研究開発機構）が飛行士の訓練拠点を徐々に米国から日本に移す方針を固めました。

私たち家族はこれまで、訓練のために本腰を入れて現地に根差した生活をしようと努力してきましから、その生活をたたんで急遽帰国するというのは、とても大変なことでした。

帰国後、私はＪＡＸＡをしばらく休職し、東京大学の中須賀真一研究室の非常勤研究員になりました。中須賀教授は、私の大学時代の恩師、故・田辺教授のあとを継いだ方です。

翌年、第２子の妊娠を契機に、２０１１年８月、休職中のＪＡＸＡを退職。そして、２ヵ月後、アメリカで次女の未来《みらい》を出産しました。長女の優希とは、９歳の年齢差があります。もっと早く産めればよかったのかもしれません。

私と一緒に、スペースシャトルのディスカバリー号で宇宙に飛んだドッティ（ドロシー）さんは、私と同じく2006年2月にミッションスペシャリストの資格を取って、卒業後に一人目を生みました。それでも、同じミッションに参加したので、私も「やればできたのかな」と思います。

## タイミングがつかめずに

その半面、日本から派遣されている身としては、ただでさえ、赴任中に産休や育児休暇が取れるのか前例がなく、また、「子どもを産んだらミッションが遠ざかる」という気持ちもありました。

2005年にスペースシャトルが飛行を再開して、日本の実験棟「きぼう」の組み立てが始まるなかで、自分は飛ばなくても、他の日本人宇宙飛行士のサポートなど、いろいろな役割が与えられていました。そういう状況でしたので、結局、ISS計画における地上業務、自分自身の訓練等でタイミングをつかめずにここまで来てしまいました。

早く兄弟をほしがっていた長女、アメリカで2人目を望んでいた夫の気持ちを考えると、申し訳ない気持ちはあります。子どもは授かりものですが、こうした外国人宇宙飛行士としての限界の壁が、将来、超えられるようになることを願っています。そして、周囲の協力に感謝しつつ、授かった命を大切に育てていきたいと思います。

# 89 子育てと訓練の共通点

子育ても、私にとっては一種の訓練でした。

まず、子どもには「待った」がききません。「ママー」と呼ばれたら、そのとき自分が何をしていようと、すぐに行かないといけませんよね。親は、自分のペースでは生活できない。それも、ある意味でよい訓練だと思いました。

宇宙ステーションでは、自分がある作業をしている最中でも、より大事なことが起これば、そちらが優先になります。自分の作業はいったん中断して、そちらに取りかかる。常にマルチタスクを念頭に置き、同時にいろいろなことに気を配らなくてはいけません。

一つのことに集中できない点で、子育ては宇宙でのミッションとまったく同じです。たとえば、食事の用意をして揚げ物をしていても、娘に「ママー、トイレ」と言われたら、すぐにトイレに連れていかないと、その場でジャー、となってしまいますから。

## 日常生活でも応用がきく宇宙飛行士のスキル

訓練でよく言われたのが、タスクベースとスキルベースの違いです。スペースシャトルのミッション期間は2週間と短いので、タスク（任務）が明確に決まっています。決められたタスクをいかに効率よくこなし、時間内により多くのタスクを実施できるかが大事なので、タスクベースの訓練の比重が大きくなります。

一方、スキルベースの訓練もあります。基本的な技術と一通りの技術を身につけたら、あとはそれを応用していくという訓練です。次に何が起きるかわからない非常時の場合は、訓練ですべての事象をカバーすることはできないので、スキルベースの比重が大きくなります。

ISSにより長く滞在する、または、月や火星に行くとなると、長期間に行う作業すべてをタスクベースの訓練だけでは網羅しきれないので、スキルベースの訓練が大事になってきます。

意外かもしれませんが、宇宙飛行士のスキルは、日常生活でも通用することが多いんですよ。限られた情報で状況を正確に判断する状況把握はもちろんのこと、基本的な道具の使い方は日曜大工にも役立ちます。もちろん語学も役に立ちます。宇宙飛行士としての一通りの知識やスキルは、けっこう応用がきくな、と実感します。

## 90 アメリカで学んだおおらかさ

アメリカ生活で学んだことはいろいろあります。私は、アメリカで生活したことで、自分がおおらかになったと思います。

私たちが住んでいたのは、アメリカでも南部のテキサス州だったので、とても陽気な風土でした。風景はだだっ広いし、一年の半分くらいは夏です。蒸し暑いけど、いつも青い空が広がっている。そういう環境にずっといると、クヨクヨしないというか、気分が開かれていきます。

周りの人たちはとても気さくで、エレベーターに乗っているときも、全然知らない人が気軽に話しかけてきます。お店で買った物を見せながら、「これ、安かったのよ」と話しかけるので、私も「そう、よかったわね」と返します。思わず笑顔になりました。

スーパーマーケットで買い物をしても、レジの人たちがフレンドリーに挨拶をしてくれるので、気分がオープンになっていくのです。

## 出産・育児も、自分次第

出産事情も、日本とはかなり違います。

まず、アメリカには産前産後休暇がありません。有給休暇を利用して休みます。使わなかった有給休暇は年々ためることができるので、病気になったときや出産のときにまとめて取ります。しかも、使わない有休は他の人に売ることができる場合もあります。ただし、実際に売る人は少なくて、「私は余っているから使っていいよ」と寄付する人もいます。

出産後も、アメリカではすぐに職場復帰をする人が多いのです。早い人では出産数日後に職場に復帰します。私は日本で長女を産みましたが、妊娠中や産後もどこまで動いていいかわからず、おそるおそるという感じでした。でも、アメリカで出産数日後に職場復帰する女性を身近に見ると、「できるんだなぁ」と思いましたし、励まされました。

もちろん、1ヵ月ほど休む人も、出産後家庭に入る人もいます。出産にマニュアルはないので、自分の体の声に耳を傾けて、できそうだったらギリギリまで働けばいいし、無理そうだったら休めばいい。それぞれの事情に合わせて決めればいいのだ、と思ったのです。

ベビーシッターや保育所も充実していて、柔軟に運用されています。日本でも、時代の変化に合わせて、またさまざまな家庭環境に対応して、子育て環境の幅が広がっていくといいと思います。

## 91 私の気分転換法

私の気分転換法。

それは、ずばり、深呼吸することと、映画を見たりして「泣く」こと。

まず、背筋を伸ばして、5秒かけて息を吸い、5秒間とめ、10秒かけて息をはいていく、という深呼吸を行っていくと、何回か続けるうちに、体も気持ちもすっと軽くなります。

泣くことについては……。子どものときから映画やドラマを見て泣くことはよくありました。私は感情移入しやすいほうなのです。恥ずかしいのですが、「ドラえもん」を見ても泣いたりしていました。

ただ、「泣くのも悪くないかな」と自覚的に思うようになったのは、大人になってからのことです。いったん泣くスイッチが入ると、声を上げては泣かないけれども、涙がダーッと流れます。

「脳のイライラ物質を消すには涙と笑いがいい」と、ある脳科学者の人が話していました。そういう話を聞くと、気分転換に泣くのもあながち間違いではないかなと思います。逆に、泣く機会がないと、イライラがつのって怒りとなるのかもしれません。

最近泣いた映画は『A.I.』『八日目の蝉』など、ドラマでは、昔は「北の国から」が好きでした。最近のドラマでは「マルモのおきて」「家政婦のミタ」など。家族の物語が好きですね。

ふだん押しこめている感情を、映画や本や音楽の力を借りて出してあげる――。行き詰まったな、と感じたとき、「泣くこと」を試してみてください。

## ヨガと海辺の散歩でリフレッシュ

気分を変えるには、心と体にいつもとは違うスイッチを入れてあげることが大切なのかもしれません。

たとえば、思いきり運動をして汗をかく、どこかを散策して違う風景にふれる……。いまは0歳の娘がいて遠くへ移動することが難しいため、日常生活でできることを見つけて取り入れています。

DVDを見ながら自宅でヨガをしたり、子どもと一緒に海の近くを散策したり。水族館は、「非日常」を体験できるスポットとしてお気に入りです。休日に上の娘と一緒におやつをつくったり料理をしたりすることも、最近の楽しみの一つ。

ストレスをためすぎないためにも、心と体のストレッチを意識してみてください。

# 92 母親として子どもに願うこと

わが家の壁に貼ってある「あおいくま」という紙は、娘の優希に頼まれて書いたものです。

先日、一緒にテレビを見ていたら、タレントのコロッケさんが出ていて、お母さんがよく話していた言葉として、「あおいくま」を紹介していました。

「あおいくま」とは、「あせるな、おこるな、いばるな、くさるな、負けるな」という意味だそうです。これを心がけていると、人生だいたいのことは対応できる、と。それを聞いた優希が、「書いてほしい」と言うので、紙に書いて壁に貼りました。

名前にもつけたのですが、長女の優希の場合には、優しく、常に希望を持って生きてほしい。次女の未来には、自分で未来をつくり、自分の足で立っていってほしいと思っています。

そして、2人とも優しく、きちんと独り立ちできる人になってくれたら、と願っています。

人に優しくあるためには、自分の足で立っていないと、優しくできません。優しさと強さと、両方持っていてほしい。心を広くもち、人とのつながりを大事にして、自らの決断に責任をもって、自分の人生を歩んでいってほしいです。

それが、私の親としての願いです。

## 英語力を落とさないように

優希に関しては、アメリカ生活で身についた英語力を落とさないようにしてあげたいと思っています。前にも書いたように、留学先で、また職場でも、私自身が、英語では人一倍努力をしましたから……。

先日、アメリカに半年ぶりに連れていきましたが、聴き取りはできても、言葉がなかなか出てこなくて、もどかしかったようです。

現地ではペラペラにしゃべれても、日本に帰国すると、日常的に英語にふれることはありませんから、やはり忘れてしまうのです。いまはインターネットでニュースや動画を見たりすることができますから、なるべく英語を聞くようにはしていますが、日本でも話す機会をもう少し与えてあげたいなと思っています。

今後も、年に1回くらいはアメリカに行って、あるいは日本を案内して、長年一緒に遊んできた現地の友だちと会える機会を設けたいですね。

## 93 どんな道を選んでも、自分の決断に責任を持つ

チャレンジャー号の事故を見て、宇宙飛行士を志したのは、私が高校受験の勉強をしていたときでした。実際に宇宙に行ったのは、それから25年後です。もし、「あなたの夢が叶うのは25年後だよ」と言われたら、二の足を踏んでいたかもしれません。

宇宙飛行士同士でよく話すのが、「宇宙飛行士はある意味、バカじゃないとできないね」ということ。いろいろ計算したり、先のことを考えてしまうとできません。

私自身は、紆余曲折ありながら、宇宙へ行くことを目指し続けました。しかし、途中で進路を変えることも決して悪いことではないと思っています。道を選んだあとも、実際にやってみないとわからないことは多々ありますから。

宇宙飛行士として認定されても、他の道に転向して、そこでまた新たな活動を見つける人もいます。健康上の理由で、やめざるをえないこともあります。体も、年齢とともに変化してくるからです。宇宙飛行士に選ばれて10年も経つと、心臓の病気になったり、ポリープができたりして、健康上の理由で飛べない場合も出てきます。宇宙飛行士にとって、

老化は避けられない問題です。

## 最後は直感で決めた

いろいろな状況から判断して、中断したり、やめたりすることも、一つの選択だと思います。続けること同様、断つこともまた、勇気がいります。

さらに、自分が飛ぶだけではなく、他の人をサポートするのも大事な仕事です。宇宙飛行士だけで宇宙に行くことはできません。いろいろな人のサポートがあるからこそ、宇宙に行けるのです。

私自身は、進路に悩んだとき、最後は直感で決めていました。理屈ではない部分で決めたので、あとから「なぜ、そうしたのか」と聞かれても、うまく説明できなかったりします。理屈では、常に矛盾が生じます。継続は力なり、といいつつ、立ち止まることも変化も大事といいます。相矛盾することが存在するのが世の中です。だからこそ、最後は自分の直感で決めていたように思います。

ただいえるのは、自分で決めて、自分で責任をとることが大事だということ。そうしないと、あとで言い訳をしたり、他の人のせいにしたりしてしまいがちですから……。

自分で決めたからには、腹をくくって、自分の責任でその道を進んでいく。それは、どの道を選ぶにしても、同じではないでしょうか。

## 94 誰もが宇宙に行ける時代へ

宇宙に初めて行った人は、当時、ソヴィエト連邦の軍人だった、ユーリィ・ガガーリンです。彼は1961年に、世界初の宇宙飛行を成功させました。帰還後に語った「地球は青かった」という言葉は有名です。私が宇宙に行ったのは、それから半世紀ちょっとたったとき。国際航空連盟（FAI）では、カーマン・ラインと呼ばれる海抜高度100キロメートル以上を宇宙空間と定義していて、ガガーリンさんから数えると、私は517番目に宇宙へ行った人間になります。

宇宙に行った人はまだまだ少ないのですが、飛行機の歴史を考えると、アメリカ人のライト兄弟が世界で初めて、飛行機による有人動力飛行に成功したのは1903年。それから100年ちょっとで、誰もが海外旅行に行ける時代になっています。宇宙も、あと数十年たてば、現在の海外旅行並みに気軽に行けるのではないかと期待しています。

みんなが宇宙に行けるようになったら、何が起こるのでしょうか？

まず、世界が狭くなります。地球は70億人の人が乗っている大きな宇宙船であることが、理屈ではなく実感できます。

また、資源に対する思いが変わります。宇宙船のなかでは、水はとても貴重なので、大事に使います。私たちが地上で使う水は、先進国で1人当たり1日300リットル弱といわれていますが、ISSで使える水の量はその100分の1で、しかもリサイクルしています。空気もリサイクルして、二酸化炭素を吸着して熱を加えて酸素に換えています。宇宙船のなかでは、皆が意識して、環境を汚さないようにしないといけないのです。それは地球も同じ。地球も宇宙から見れば「宇宙船」のようなものです。水も空気も、資源は無限にあるわけではない。宇宙に出ることで、人はそれを肌で感じられるのではないかと思います。

## 理系以外の人も宇宙へ行ってほしい

1960年代は、軍人、またはパイロットしか宇宙飛行士になれませんでした。スペースシャトルが飛ぶようになった1980年代からは、研究者や実験者が、ISSの建設が決まってからは、私のようにエンジニアの要素を持った人が求められました。

これからは、理系以外の人も宇宙に行くようになるでしょう。エンジニアの宇宙飛行士はなくならないでしょうが、月や火星に行くなど、より長期のミッションに変わっていくと、求められる資質も変わってくると思います。いま、「宇宙に行きたい」という思いを持っている若者たちには、「夢を持ち続けて」「自分の道を切り開いて」と伝えたいです。

特別対談

# 宇宙は楽しい！

小山宙哉（こやま・ちゅうや）

山崎直子（やまざき・なおこ）

作者の小山宙哉さんと宇宙の魅力について語り合いました。
月を目指すストーリーです。この作品の大ファンという山崎直子さんが、
南波六太《なんばむった》が宇宙飛行士選抜試験を突破し、
映画化やアニメ化でも話題の大ヒットマンガ、『宇宙兄弟』。

## ●――2ミリの穴から「宇宙をじかに見た」宇宙飛行士

**山崎**　お目にかかれてうれしいです。『宇宙兄弟』、感動しながら読んでいます。ストーリーのおもしろさもさることながら、心理描写にすごくリアリティがあって……。宇宙飛行士選抜試験の、閉鎖環境を終わって外へ出るときの寂しさや、みんなで手を取り合うシーン、「あぁ、そうだったなぁ、そうなのよ」と。

**小山**　宇宙飛行士が言うんだから、間違いないですね。（笑）

**山崎**　そういう、気持ちの部分を要所要所でうまくすくい上げてくださっているので、代弁してもらっている感じなんです。

**小山**　宇宙飛行士の心理面のサポートをしている、ＪＡＸＡの医学室の女性に取材をしたことがあります。「選抜試験を受けたなかで印象に残っているのは誰ですか」と聞いたら、「山崎さんが印象に残っている」というお答えでした。

**山崎**　へー！　そうなんですか。

**小山**　とにかく聡明で、とおっしゃってましたよ。閉鎖環境の試験のとき、「休憩時間に何をしているか」というのを見ていたそうなんです。山崎さんは、ドイツ語だったか、ロシア語だったかの本を読んでいた、と。

**山崎**　もううろ覚えですけど、たしか、表紙にドイツ語が少し書いてあったけど、中身は英語だったような。（笑）

**小山**　すごく印象に残ったので、『宇宙兄弟』のなかで、登場人物のせりかが「閉鎖環境の休憩時間にロシア語の本を読んでいる」というシーンを描いたんですけど……。

**山崎**　本を読んでいると、皆が寄ってきて、「好きな本、何？」とか、話が弾みました。いろいろな話を聞けて、楽しかったことを覚えています。おもしろかったのが、閉鎖環境にはカメラが5台取り付けてあるんですが、本を読んでいると、そのカメラがクイーンってズームして追ってるのがわかるんですよ。「あ、本を見てる、見てる」って。

**小山**　あぁ、そういうことを聞いておけば、もっと描き込めたのに！（笑）

**山崎**　作品をつくられているなかで、いちばん苦労された点は、どんなことですか？

**小山**　とにかく、わからないことが多すぎて……。たとえば、いまちょうど描いている水中訓練（NEEMO／NASA極限環境ミッション運用）でどんなことをするのか、とか。未来の月面基地のことを描いているのですが、月面基地を水中に沈めるとどんな感じなのか、想像するのが難しいんですよね。あとは、訓練中にどんな会話をしているんだろう、とか。難しい用語が飛び交うじゃないですか。

**山崎**　そうですね、専門用語というか、業界用語ですよね。

**小山**　そうそう、いま、パージバルブについてわからないことがあるんです。聞いてもいいですか？　パージバルブは、どうやって開くんでしょうか？

**山崎**　船外活動用の宇宙服ですよね？

**小山**　はい。

**山崎**　パージバルブは、ヘルメットにあるんですよ。耳のあたりに、ほんとうに小さな、直径2ミリくらいの外につながっている穴があって、そこから空気が出せるようになっています。

**小山**　空気を出すんですか？

**山崎**　圧が上がりすぎてしまったときに、空気を真空に向かって出す。一気に出るといけないですから、ほんとうに小さな穴です。ヘルメットのところに飛び出た部分があって、そこを押して、回転する。そうすると、穴が通じるようになっています。

**小山**　ヘルメット内で二酸化炭素の濃度が上がった、という設定で、パージバルブを開くという対処をするんですけど、そのときに動きとしてどうするのか、がよくわからなくて。いまの山崎さんのお話でよくわかりました。

**山崎**　パージバルブといえば、世の中で初めて、「何も通じないで宇宙を見た」と豪語しているカナダ人の飛行士がいまして、その人は実際に宇宙で船外活動をしたときに、そのパージバルブを開けたんですよ。まぁ、わざとなんですけど。そうして、この2ミリの穴から、じかに宇宙を見たぞ、と。

**小山**　あぁ、なるほど！　見られるんですね？

**山崎**　ヘルメットなので、うまく顔の向きを調整すれば、見えます。

**小山**　けっこう大丈夫なものですか？　開けても。

**山崎**　開けても急に空気は流れないので、まぁ、しばらくの間であれば。ただ、ずっと開けていると、地上からは、「どうしたんだ、何が起こったんだ？」と問い合わせが来ちゃいますよね。

**小山**　開けたっていうこともわかるんですか？

**山崎**　ずっと開けていればわかります。空気圧がだんだん下がっていくのがわかるので。

**小山**　僕、てっきり、開けたらそこに吸い込まれて、こう顔が引っ張られるのかと……。映画ではよくそんなシーンがありますから。

**山崎**　逆に、引っ張られないように流量を絞るよう設計してあるんです。

**小山**　それ、いい話ですね。「2ミリの穴から宇宙をじかに見た」。六太がやりそうですね。それで、すごい満足して自慢しそう。(笑)

**山崎**　彼も自慢していました。(笑)

## ●——ISS滞在中の裏話

**小山**　山崎さんの宇宙滞在は2週間ですよね？　どんな感じでしたか？

**山崎**　あっという間でしたね。もっといたかったです。最後はほんとうに、後ろ髪引かれる思いでした。2週間しかないので、スケジュールは分刻みです。ときどき、中継で、地上からの交信イベントが入るんですが、そのギリギリ30秒前まで作業をしたことがありました。一生懸命ロボットアーム動かして、作業終了後にブレーキかけたら、「始まる、始まる！」。それで、「皆さん、こんにちは」と何事もなかったかのように笑顔でカメラの前に立つ……。で、終わると、「解散！」で次の作業に入る。

**小山**　みんな笑顔でぷかぷか浮いてたように見えましたけど……。

**山崎**　直前まで、押しくらまんじゅうで、「配置につけ！」とやっていたんです。

**小山**　じゃあ、休まる時間はなかったですか？

**山崎**　さすがに夜寝る前には、「フー」と一息つけました。そのときに、窓から地球を見ると、何とも言えない感動がありました。

**小山**　ISS内で、気にいっている場所はありますか？

**山崎**　キューポラって呼ばれている立体形の窓と、あとは、「きぼう」の、窓のそば。そこで私は寝ていました。

**小山**　その窓は、開けっぱなしになっているのですか？

**山崎**　ふだんは、シャッターを閉めなくてはいけません。地球を見るときは、そばへ行って、シャッターを開けて。そこに広がる景色には、息をのみました。とくにキューポラは立体形なので、普通の窓から見る景色と違うんですよ。平面の窓から見てももちろんきれいですけど、立体だとそのなかにいて360度見渡せるので、立体感が違うんです。どんな方向から見ても、宇宙が広がっている。

**小山**　キューポラって、六角形で、ちょっと出窓っぽくなっているのですよね？　あれ、いいなと思っていました。

**山崎**　私が宇宙へ行ったのが、２０１０年の４月で、その２ヵ月前に取り付けられたばかりだったんです。

**小山**　観測用に取り付けられたのですか？

**山崎**　観測用と、あとは、ロボットアームの操作用に取り付けられています。

**小山**　ＩＳＳで何か不便なところはありましたか？　マンガが未来の話なので、宇宙飛行士が不便だと思うところが改善されていてもいいかな、と。

**山崎**　長期滞在の人には、電話ボックス大の個室が割り当てられていますよね。狭い空間ですけれども、扉を閉めればプライベートな空間。その個室に窓があるといいな、と思います。

**小山**　なるほど！

**山崎**　あと……いまは、インターネット回線がつながって、有害サイトを除いて、好きなサイトを自由に閲覧できるようになっています。ただ、回線が遅いんです。通信回線がもっと速くなるといいなぁ、と思いますね。それと、運動器具。1日2時間、筋肉の衰えを防ぐために運動しなければならないんですけど、同じことを単調にやるだけなので、飽きてしまいます。もっと効率のいい運動器具があればいいですね。

**小山**　運動している間の退屈しのぎはなかったですか？　会話とか……。

**山崎**　運動マシンはみんなが時間差で使うので、一人で黙々とやるだけです。誰かが通りすがりに、「よお、がんばってるな！」というような会話はありましたけど。イヤホンで音楽を聞きながら自転車をこいだり……。音楽だけじゃなくて、画面で映画を見ながら、とかできたらいいですね。

**小山**　宇宙にいる古川さんと交信したとき、こちらが話したあと、7秒後に返ってきて。かなり遅れますよね。

**山崎**　そこまで遅れました？　それはたぶん、途中の地上回線を介していたり、いろいろな機材が間に入っているからだと思います。ふだんの通信や電話の場合は、インターネット回線を通じて、NASAにダウンリンクしてそのまま、ですから、私はほとんど時差は感じませんでした。

**小山**　ヒューストンの管制室とISSとは時間差がないということですか？

**山崎**　そこをつなぐ音声は、容量の狭い「Sバンド」周波数帯を使っています。0・5秒くらいの微妙な時間差がありますが、気になるほどではなかったです。

**小山**　遅れがあるといっても、そのレベルなんですね？　僕の読みでは、いったん僕の質問をNASAの人が聞いて、この質問はOKかどうか判断してから、宇宙に転送したんじゃないかと……。

**山崎**　いろいろな中継地点の問題だと思います。（笑）

## ●――宇宙飛行士になるのは大変？

**小山**　宇宙飛行士って、何より、記憶することが多すぎて、まず、僕がなるのは無理だろうな、と描いていて思います。（笑）

**山崎**　私も、宇宙飛行士になったあと、訓練を開始するときに、スペースシャトルのコックピットを見て、そのスイッチやパネルの多さに圧倒されました。「これは覚えられないわ」と思った記憶があります。でも、訓練過程をしっかり組んでくれて、電気系、構造系、それぞれ小さなところから段階を踏んで始めていって、1年2年経つと、わかるようになる。だから大丈夫です。

**小山**　ロボットアームっていうのは、コントローラーが二つあるんですよね？　どういう役割があるんですか？　十字キーのようなものと、レバー？

**山崎**　右のコントローラーが、ピッチ、ヨー、ロールの3軸方向の回転で、左が、まっすぐ進む平進の、タテヨコオク（奥）です。二つを組み合わせることで、6自由度コントロールできます。ただ実際には、6自由度を一気に動かすことはまずなくて、せいぜい両手を使って、3軸くらい。3軸とはいっても、前に進みながら横に動かして、かつ方向を少し変える――まっすぐに進むのはもう止めないといけない、でも、横は動かし続けつつ、同時に画面を見ながら微妙な加減で方向をコントロールしていくのは……。

**小山**　うわー、聞くだけで難しそうですね。

**山崎**　やっぱり、訓練ですね。

**小山**　僕が訓練を体験するとして、いちばんやりたくないのは、講義的な座学ですね。ロシア語とか、「地質学」みたいに「学」がつくのも避けたい。飛行機は乗ってみたいですが……。

**山崎**　T－38ですね。私も、いちばん好きな訓練でした。

**小山**　音速の壁を超えたときに発生する「ソニック・ブーム」は、やはり、すごい衝撃ですか？

**山崎**　乗っているとスムーズですから、わからないんですよね。加速しているときに、メーターを見ていて、あ、マッハを超えた、と気がつくくらい。

**小山**　けっこう、高いところで飛んでいたんですか？

**山崎**　高度でいうと、10キロメートルくらいでしょうか。ジャンボジェットの巡航高度と同じくらいです。

**小山**　以前、星出さんにお話を伺ったとき、「かなり上空だから、下に流れる景色もゆっくりで、あまり速さを感じなかった」とおっしゃってたんですよね。

**山崎**　雲で景色が覆われちゃいますしね。

**小山**　夜も飛行されましたか？　真っ暗ですよね？

**山崎**　真っ暗ですね。高度が低いと、都市の灯りが宝石箱のように見えます。夜は夜で、星が見えますね。

**小山**　いいですねぇ。体験してみたいです。

**山崎**　低空のときには、高度を下げたり方向転換したりあわただしいのですが、上空を飛んでいる間は、そう忙しくないんですね。一息つける瞬間で、「星きれいだねぇ」「あの星なんだろうね？」と会話しながら飛んでいました。

**小山** 皆さん、星座に詳しいんですか？

**山崎** と思われるかもしれないですが、そうでもないです。天文学者とは違うので……。

**小山** 僕も『宇宙兄弟』を描いているので、宇宙にすごく詳しいと思われていますけど（笑）。実は、そんなことはないんです。

**山崎** お名前にも、宇宙の「宙」が。

**小山** たまたまなんですけど。それもあって、すごい宇宙好きだと思われてしまっています。

## ●――月に行ってみたい

**山崎** 『宇宙兄弟』は月へ行くストーリーですが、私も、行ってみたいんですよ。月で寺子屋を開く、というのが夢です。月くらいまで離れて、地球がポカンと球で浮かんでいるのを見たいなぁと。

**小山** ＩＳＳから見るのとは、まったく違う感覚なのでしょうね。

**山崎** 私が行ったのは400キロメートルの宇宙なので、地球のカーブが見えて、地表の全体の数分の1くらいを一度に見るイメージです。ところがほんとうに離れてしまって、たと

えば火星まで行くと、地球すら点にしか見えない。そういう世界というのは、どうなんだろうなぁ、とわくわくしますね。

**小山**　月面を想定した訓練などは、されたりしたことはないですか？

**山崎**　月面で着る新しい宇宙服の開発の一環として、実験に参加したことがあります。おもりをつけて、プールの水のなかに入って、月面でやりそうな作業をします。たとえば、スコップを持ち上げて、物を拾って、別の少し離れた場所に移動させる、とか。どんな宇宙服が使いやすいかを調べる実験だったのですが、重力によっても作業の仕方が全然変わってくるんだな、と気がつきました。あとは、地質学の実習などもしたことがあります。

**小山**　無重力とはまた違うんですね。無重力で、思いもよらない発見はありましたか？

**山崎**　だいたい想像していったのですが、ほんとうに上も下もないんだな、とびっくりしましたね。天井からぶら下がっていても、自分としてはまっすぐ立っているので、そこが床だと思える。視覚と自分の感覚が違う。あとは、「前髪が立つ」というのが盲点でした。

**小山**　前髪、ですか？

**山崎**　髪の毛が広がることはわかっていたので、結わえていったんですが、「前髪まで立つ」というのは気づかなくて、あとで写真を見て、「あー、もっとピンを持っていけばよかった！」と。

**小山**　そういえば、山崎さんの写真、前髪が立っていたような。（笑）

**山崎**　ミッションが3回目の女性クルーがいたのですが、さすが、ピンを持っていました。あとは意外だったのが、無重力は日常生活だな、ということですね。いろいろと無重力特有のことはありますが、朝起きて、歯を磨いて……その水は飲み込まなくてはならないのですが……。

**小山**　うわ、それも慣れましたか？

**山崎**　抵抗はありましたが、慣れます。大丈夫です。ご飯を食べて、仕事をして、皆で会話をして、「おやすみなさい」と寝て……。宇宙でも生活できるということが、行ってみてわかりました。小山さんご自身は、宇宙へのご興味はおありですか？

**小山**　もちろん、ぜひ行ってみたいですが、宇宙飛行士の訓練は無理です（笑）。宇宙旅行なら、気が楽ですよね。『宇宙兄弟』の舞台でもある月へ行ける日が来ればいいなぁ。

**山崎**　きっと来ると思います。行かれたあと、それをまたマンガに描いていただければ、すごくうれしいです。今日はありがとうございました。『宇宙兄弟』の続きを、楽しみに読ませていただきます。

# あとがき

この本は、私がもし将来、宇宙飛行士養成学校で教えることがあるとしたら、未来の宇宙飛行士たちに何を伝えたいだろう、そう考えながらまとめてみました。

いわゆる「選抜試験の対策本」というイメージとは異なるかもしれません。生い立ちから遡り、長い宇宙飛行士の訓練生活の話も含んでいるからです。それぞれの逸話からエッセンスをつかみ、自分ならどうするだろうか、と考えるきっかけにしていただけたらうれしいと思います。

時代によって移り変わることもありますが、本質は案外、変わらないように思います。よりよい未来のために、国のために、社会のために、命を意識しながら働く。その過程では、家族を守り、局面ごとに、人生における優先度を考えなくてはならないでしょう。これは、宇宙飛行士だけではなく、世の中の多くの職業に通ずると思うのです。ですから、さまざまな世代の方に、この本を手に取っていただけたら幸いです。私自身、直接的に、そして本などを通じて間接的に、本当にいろいろな方に励まされ、そこから貴重な学びを得てきました。

本文中にも書きましたが、学生時代、国際人に憧れて留学した経験があります。しかし、海外に出て気づいたのは、国際人という人種はいないということ。自国のことをよくわかり、そのうえで国際的に働くことができる人を、そう呼ぶのでしょう。まず足元をしっかりすることが大切なのだと痛感しました。

振り返ると、宇宙飛行士も同じかもしれません。宇宙飛行士という人種はいないのでしょう。それぞれの専門性、自分の軸をきちんと持ち、そのうえで宇宙という場で働くことのできる人が宇宙飛行士なのです。ひな形は一つではありません。なるための勉強法も、宇宙飛行士候補者になってから飛行するまでの道も、人それぞれです。

宇宙飛行士選抜試験は、到底、一夜漬けで対応できるものではありません。数々の試験や面接を通じて、知力、体力、精神力、協調性、さまざまな観点からその人の人生が問われます。他の入社試験も、きっと本質は同じでしょう。腹をくくり、悔いのないようにしっかり生きることが、いちばんの試験勉強なのかもしれません。

この本を作成するにあたり、中央公論新社の山田有紀さん、ライターの村田和木さんに大変お世話になりました。最後に、いままでお世話になったすべての方に、私以上に頑張った家族のみなに、宇宙に取り組む多くの方に、この場をお借りして御礼申し上げます。

カバー・扉イラスト――かわらいポメット
装幀――岩瀬聡
対談写真――尾田信介
構成――村田和木

山崎直子

1970年千葉県松戸市生まれ。東京大学工学部航空学科卒業。同大学航空宇宙工学専攻修士課程修了後、96年からNASDA（現・JAXA）に勤務。99年、宇宙飛行士候補者に選ばれ、2001年に宇宙飛行士として認定される。10年４月、スペースシャトル「ディスカバリー」に搭乗、宇宙へ。ISS（国際宇宙ステーション）に10日間滞在する。11年、JAXAを退職。10歳と０歳、２女の母親。

宇《う》宙《ちゅう》飛《ひ》行《こう》士《し》になる勉《べん》強《きょう》法《ほう》

2012年8月10日　初版発行

著　者　山《やま》崎《ざき》直《なお》子《こ》
発行者　小林敬和
発行所　中央公論新社
〒104-8320　東京都中央区京橋2-8-7
電話　販売03-3563-1431　編集03-3563-3692
URL http://www.chuko.co.jp/

DTP　嵐下英治
印　刷　三晃印刷
製　本　大口製本印刷


Published by CHUOKORON-SHINSHA, INC.
Printed in Japan　ISBN978-4-12-004413-7 C0095

定価はカバーに表示してあります。落丁本・乱丁本はお手数ですが小社販売部宛お送り下さい。送料小社負担にてお取り替えいたします。